U0854859

心理咨询实务技能

XINLI ZIXUN SHIWU JINENG

李淑莲　张文霞　李　楠　著

中国农业出版社
农村读物出版社
北　京

图书在版编目（CIP）数据

心理咨询实务技能 / 李淑莲，张文霞，李楠著．--北京：中国农业出版社，2023.2
ISBN 978-7-109-30432-1

Ⅰ.①心… Ⅱ.①李… ②张… ③李… Ⅲ.①心理咨询—教材 Ⅳ.①B849.1

中国国家版本馆 CIP 数据核字（2023）第 027302 号

中国农业出版社出版
地址：北京市朝阳区麦子店街 18 号楼
邮编：100125
责任编辑：李昕昱
版式设计：书雅文化　　责任校对：史鑫宇
印刷：北京中兴印刷有限公司
版次：2023 年 2 月第 1 版
印次：2023 年 2 月北京第 1 次印刷
发行：新华书店北京发行所
开本：700mm×1000mm　1/16
印张：13.25
字数：240 千字
定价：68.00 元

前言

心理问题，已经是一个很普遍的社会问题。很多在生活中看似正常的人，只要一走进他们的内心，或多或少都会有各种类型的心理创伤，这种创伤被伪装成婚姻问题、情感问题、工作问题、社会交往问题、孩子的教育问题，等等。童年时期的分离、被虐待、被忽视，都会给孩子的心理上留下或大或小的伤疤，这些伤疤就是他们未来人生的慢性毒药。听过很多道理，却过不好这一生，其深层原因就在于创伤。但是这些问题真正能够被当事人意识到的不多，人们日益增多的心理问题和匮乏的心理咨询师是当前需要解决的主要矛盾。

在中国，很多人认为心理治疗就是陪聊，认为对心理疾病的治疗最科学、有效的方式是吃药。这个观点也为很多精神科医生所乐见，他们一方面将非药物治疗神秘化，另一方面将药物治疗神圣化，这种心理和治疗断裂的局面，也是现代精神医学和心理治疗之间，从教育到职业化之间的长期壁垒的具象化。《中华人民共和国精神卫生法》规定，心理咨询人员不得从事心理治疗或者精神障碍的诊断、治疗，只允许心理治疗师和精神科医生进行诊断和治疗。实际上，中国的心理咨询师承担着几乎所有的心理治疗功能。本书第一章分析了心理咨询的必要前提条件，包括心理咨询室的布置，心理咨询师的基本特质。第二章分析了心理咨询的基本技术，主要有会面接待技术、沟通表达技术。第三章分析了心理咨询的拓展深入技术，主要有洞察分析技术、同感共情技术。第四章主要研究了精神分析疗法的概念、本土化研究、发展趋势。第五章主要研究了心理咨询的催眠基本技术概念与操作方法以及催眠与正念干预社交焦虑的神经机制。

本书在编写过程中得到了很多学者和同行的关注，对于与本书出版相关的，有直接或间接给予帮助的人们，还有给本书提供依据的体验者们、学习心理咨询的人们以及来访者们，表示由衷的感谢！

著　者

目录

第一章　心理咨询的必要前提条件

第一节　心理咨询室的布置

一、心理咨询与人际信任

（一）心理咨询的概念界定

美国心理学会的咨询心理学分会最早曾给心理咨询（counseling）下过官方定义，即心理咨询是帮助个体克服其个人成长中的障碍——无论它们出现在哪里，同时最大限度帮助个体开发个人潜能。著名心理治疗师欧文·亚隆也提到，心理咨询是移除成长中的障碍，他们的着眼点主要在咨询目的上。卡尔纳认为心理咨询是一种关系，是专业的助人者与求助者间的关系。其中，助人者的技术和他们创设的氛围让个体在面对自我和他人时渐渐获取到更好的应对方式。咨询是一种人际关系，在这一关系中，应该由心理咨询工作者提供一定的心理氛围或条件，让来访者改变并解决问题，最终成为一个负责且独立的个体，成为更好的人，适应社会。这样的观点综合描述了咨询的目标和过程特点，很好地包括了前面两种定义。

我国学者在考虑心理咨询定义的同时，也考虑到了目标、过程和结果 3 个部分。就像林崇德、黄希庭和杨治良教授主编的《心理学大辞典》（2003）中认为，心理咨询是由受过专业训练的咨询者，运用心理学的理论与技术，在整个过程中通过语言及非语言的交流来给予来访者帮助、启发和教育，目的是改变其认知、情感和态度，解决其问题，最终目标是改善其人格的发展和社会适应能力。同样，在辞典中也区分了定义了心理治疗。

中国心理学会临床心理学注册工作委员会伦理修订工作组（2018）在《中国心理学会临床与咨询心理学工作伦理守则（第二版）》（简称《守则》）中，将心理咨询和心理治疗的从业者称为心理师，将来访者、精神障碍患者以及其他需要接受心理咨询或心理治疗的个体称为寻求专业服务者。《守则》还将心理师与心理健康服务领域同行（包括精神科医师/护士、社会工作者等）做了明确的区分。《守则》提到心理咨询的定义为：基于良好的咨询关系，经训练的临床与咨询专业人员运用咨询心理学理论和技术，消除或缓解求助者心理困扰，促进其心理健康与自我发展。并且《守则》中区分了心理咨询和心理治疗的不同。

总体来说，心理咨询有广义和狭义两个概念。前者包括所有临床心理干预相关的各种办法，后者则主要指非标准化的干预措施，侧重于一般人群的发展性问题。这就是说，广义心理咨询涵盖的是狭义心理咨询和心理治疗这两类临床技术手段。本质上，心理咨询与治疗都是专业的助人活动，其背后的心理学理论基础是相同的。但是，心理治疗侧重于对心理障碍或问题后的治疗，即矫治、消除或缓解患者的疾患。心理咨询主要是侧重于消除或缓解来访者的心理困扰，如人际关系问题、婚姻家庭问题、职业选择问题等。但在实践中，心理咨询与心理治疗虽然在具体法律法规中进行了区分，但经常会出现向下兼容的情况。比如，根据我国《精神卫生法》规定，心理咨询人员不得从事心理治疗或者精神障碍的诊断、治疗，而专门从事心理治疗的人员不得从事精神障碍的诊断。但是有很多心理治疗师不仅仅在从事治疗工作，还可能不得不兼顾治疗工作。同理，很多心理医生会兼顾心理治疗与心理咨询的工作。

（二）人际信任在心理咨询中的作用

心理咨询作为一种专业的助人活动，建立具有咨询功能的助人关系是咨询取得效果的前提条件和基础。而心理咨询的关系就是心理咨询工作者要与来访者建立相互尊重、相互信任的咨询关系。随着咨询关系的建立和深入，来访者会逐渐放下防御，揭示出根本的心理困扰，从而有利于心理问题的解决。

Fenichel（1941）提出心理治疗中令人信任的分析氛围以及发展积极移情的重要性。创设一个支持性的环境有助于积极的同盟关系的发展。许多心理咨询的技术也会强调心理咨询工作者需要与来访者建立工作同盟。工作同盟是指咨询中当事人与心理咨询工作者之间合作关系的质量与强度。有学者认为，信任是咨询过程中的潜在动力。我国学者涂春华（2022）也同样认为，相互尊重和信任的咨询关系自身就具有疗愈功能。

在心理咨询中建立信任的咨询关系非常重要，良好的咨询关系是整个心理咨询过程的基础，也是心理咨询能够取得良好效果的保障。心理咨询师的基本功技术主要包括两方面。一是建立相互信任的咨访关系技术。无论是心理咨询室的环境布置、心理咨询接待、心理咨询协议、合同的签订及倾听等，目的都是为了建立相互信任的咨询关系。二是心理咨询的展开技术，通过这些技术，心理咨询师可以发现来访者的心理问题所在，运用心理咨询的沟通技术，促进来访者的个人成长。

虽然目前并没有学者单独研究信任在咨询中的作用，但当提到心理咨询基本技术时，许多学者都会提到该技术对信任关系的促进作用。例如：倾听是建立咨询关系的基础，咨询师正是通过有效倾听来收集来访者问题的信息，同时也获得来访者的信任感。同样，共情是建立相互信任咨访关系的基础。心理咨询工作者需要掌握共情技术，使询问者除了感受到咨询师的理解外，还能感受到信任和支持。强调让来访者感到信任非常重要。但在咨询的早期阶段，来访者多是小心翼翼地建立着对心理咨询工作者的信任，而心理咨询工作者需要运用专业的共情促进一种真实的、信任的、密切的咨询关系的建立。遗憾的是，在过往的研究中，研究者较为忽视针对来访者对心理咨询工作者的初始人际信任这一部分。

（三）心理咨询室的布置

1. 咨询室的意义

counseling（心理咨询）源于拉丁语和古法语。在拉丁语中，它有会议、考虑、忠告、谈话、智慧的意思。在古法语中，它是指商谈的意思。心理咨询大师卡尔·罗杰斯认为，心理咨询是通过与个体持续的、直接的接触，向其提供心理援助并力图使其行为、态度发生变化的过程。

在为来访者进行心理咨询之前，首先需要一个能够容纳咨询师与来访者的地方，为谈话提供一个环境。所以，布置咨询室成为每个咨询师的必备知识。

咨询场地的布置方式将向来访者传递许多重要的信息，所有的细节都向来访者展示了咨询师打算如何对待他。因此，深入思考布置心理咨询室是十分必要的。

心理咨询是一个探索心灵的历程，旨在使来访者无保留地公开自己的隐情，宣泄自己的情绪，反省自己的思想。所以，心理咨询场所的安排与布置，首先要给人一种安全、祥和、舒适及充满生机的感觉，让人感受到一片心灵净土的氛围。这种布置，应该是心理咨询室给人正确的第一感觉。

2. 咨询室的美观性

心理咨询不仅要给人一种安全、祥和、舒适的感觉，房间的布置也应该具有一定的美观性，让来访者一进到屋内就感觉放松、解脱，就想滔滔不绝地诉说自己的不平与烦恼，而且还想再回到这间屋子里来。这是心理咨询室所给来访者的暗示作用。

具体的布置上，心理咨询室的墙的颜色应该是浅色的，沙发的颜色也应该是浅色的，这样能使人放松情绪。

每个人的审美观不尽相同，其房屋布置风格也不一。怎样才能使心理咨询室都能传达出希望、祥和、生机勃勃及不屈不挠的信息，这是心理咨询师应该认真思考的问题。

弗洛伊德曾说，在这间屋子里，任何一样东西都具有象征意义。由此，咨询室的布置一定要考虑到其象征意义。

3. 咨询室的基本功能

咨询室是开展心理咨询与健康教育的场所。建立规范的心理咨询室，需要确保其具有以下几个功能。

(1) 个人咨询功能

个人咨询功能就是针对来访者的个人心理问题与困惑提供咨询与指导。在这当中，咨询师也许要对来访者做一定的心理测评，以得出相关的诊断与判断，并采取相适应的咨询模式与策略。对具有严重心理问题的来访者，咨询师也许要向其家人提出建议，将其转介到相关机构去接受进一步的治疗。在咨询室的布置上，要体现其隐蔽性、放松性等特点。

(2) 团体咨询功能

团体咨询功能就是针对来访者的共同心理问题与困惑提供咨询与指导。在这当中，咨询师要对来访者的共性问题进行一定的调查与评估，找出相适应的团体咨询模式与策略。团体咨询的成效在于团体动力的形成及作用。对此，咨询师要做足功课，以尽快让进行团体咨询的成员们进入角色。在咨询室的布置上，要体现其互动性、开放性等特点。

(3) 家庭咨询功能

家庭咨询功能就是针对来访者的心理问题与困惑提供家庭咨询与指导。在这当中，咨询师要对每个家庭成员的个性有深入的了解，以找出相适应的家庭咨询模式与策略。在咨询室的布置上，要体现其娱乐性、温馨性等特点。

(4) 心理教育功能

心理教育功能就是根据来访者个人或其家人的心理发展特点，结合心理测评结果，开展多种形式的教育和辅导，如入学适应性调节、考前减压、专业选择咨询和升学指导等活动，有针对性地实施教育，提高他们的心理健康水平。帮助学生阶段的来访者充分认识自己的个性、能力特点，使他们作出人生路上的恰当的选择。

(5) 信息提供功能

信息提供功能就是向来访者及其家人提供有关的心理知识，无论是书面的，还是网络的。例如，亲子关系和家庭教育的咨询，家长正确认识孩子的心理特点和成长规律，实施恰当有效的家庭教育等。

二、咨询室布置注意事项

作为专业的心理咨询师，在布置成人的心理咨询室或心理咨询中心时，至少要考虑5个因素。

（一）专业形象

作为一个咨询室或咨询中心，一定要有名称牌、路标或提示牌。从来访者寻找咨询中心开始，就要让其感受到咨询室对他的关怀。标志明确可以让来访者轻松找到咨询室，而非带着不安的心情前来咨询，又因找不到咨询室而增加烦躁和沮丧。

（二）隐秘性

来访者前来解决的问题大多是比较隐私的，不愿让他人知道。所以，做好保密工作，对很多来访者来说都是十分重要的。咨询室的保密性上，要具备如下几个因素：

- 咨询室的位置应在人流较少的地方。
- 咨询室需要隔音。
- 最好是独立房间。

有时咨询室在体现保密功能方面也存在一些误区。第一，咨询室的位置选在太偏僻的地方，有可能使来访者感到不安全，或者在某些极端情况下，咨询师会面对危险而无法求助。第二，咨询时锁门。首先，锁门同样会使来访者感到不安全；其次，不方便让屋外的等候者了解屋内的动向。因此，可在门外挂块“咨询中，请勿打扰”的牌子。

（三）空间适当

咨询室应该有适当的空间。

1. 大小适中

咨询室太大，或屋顶太高，使人感觉空旷，没有安全感；咨询室太小，或屋顶太矮，又会使人感到压抑、窒息。因此，咨询室的大小、高低要适宜。如果咨询室较大，可以用一些柜子、矮屏风等将其分成不同的区域。

2. 要有窗户

咨询室应该至少有一扇窗户，一是可使屋内通风，光线明亮；二是可满足来访者望着窗外进行诉说的需要。

3. 光线柔和

咨询室布置合理，屋内的光线要明亮且柔和。白天尽量采用自然光，如果光线过于明亮，可以用窗帘进行遮挡；如果光线不足，需用灯来照明。这时要选择良好的灯具，其光线使人感到柔和、明亮，视觉舒适。如果选择不合适的灯具，可能会使人感到刺眼、疲劳、头晕目眩。因此，灯具的实用性比外观重要得多。

4. 色调温暖

咨询室的色调宜选用比较温暖、比较容易让人心情平静的色彩。普通的白色墙壁通常会让人感觉有些刺眼。咨询室不要大量使用鲜艳的颜色，如红色、明黄色；也不要大量使用暗淡的颜色，如黑色、灰色、褐色等。很多咨询室选择使用米色。

5. 温度适宜

咨询室的温度需令人感受适宜，温度太高与太低都会引发身体的不舒适感。生理学和医学上认为人体最适宜的温度是：工作时 19～21 ℃，休息时 25～29 ℃，标准温度为 21±3 ℃。

6. 装饰适当

咨询室内的装饰品不要过多，摆放花瓶、工艺品、古玩、书画、植物是适宜的。最好不要摆放咨询师的私人物品，如咨询师的家庭照片等。

（四）具有充足的设备

咨询室要还具备一些设备物品。

1. 椅子/沙发

通常，咨询师与来访者的座椅摆放要呈一定角度，避免目光直对所带来的压力。

2. 桌子

在两个座椅中间通常有一个小桌，用于摆放水杯、纸巾、纸笔等物品。

3. 纸笔

用于记录一些要点，与来访者做一些书面讲解和沟通，请来访者写或画些什么，促进对来访者的了解。

4. 时钟

通常挂于来访者身后，咨询师可以看得见的地方，如果咨询师在咨询过程中多次看表，容易使来访者不能平静地谈话。也可以提供一个便于来访者看时间的时钟，一方面是让来访者知道时间；另一方面可以让来访者承担起一部分把握时间的责任。

另外，咨询室中也要备有纸巾以及彩笔，可以供来访者在情绪有起伏时，用图画来表达自己时使用。

第二节　心理咨询师的基本特质

一、心理咨询师的气质特点

（一）基本概念

1. 气质的概念

气质指个人典型的、稳定的心理特征，常给人的心理活动染上某些独特的色彩，气质也是一个人内在涵养或修养的外在体现。气质是依据给人的整体感觉来界定的，是一种内在的力量。气质是内在修养的不自觉外露，不单单是表面功夫。如果一个人胸无点墨，任凭他怎样穿着华丽，都是毫无气质可言的，反而还会给人肤浅的感觉。所以，一个人想要提升自己的气质，除了需要穿着得体、说话有分寸外，还要不断提高自己的知识、品德，以不断丰富自己。

古希腊哲学家希波克拉底（Hippocrates）将人的气质分为多血质、胆汁质、黏液质和抑郁质 4 种。这 4 种类型的人在行为方式上也有典型的表现。具体地说，多血质一般表现为活泼、好动、敏感，反应迅速，但精力易分散；胆汁质较容易兴奋、精力旺盛、意志坚强，热情而又性情急躁、容易冲动；黏液质通常比较安静、稳重、性情内向、反应缓慢、消沉、不合群；而抑郁质则情感细腻、稳重、多思善虑、易伤感等。其实，每个人的气质各有不同，绝大多数人的气质是混合型的，只是较多倾向于某种类型。气质本身没有优劣之分，各有其长，也各有其短。

总之，气质与人的身心健康息息相关，同时对一个人的工作作风、工作方式、生活方式和为人处世的原则也有一定的影响。我们都应该针对自己的气质加强修养、扬长避短，促进自身的身心健康。

2. 咨询师气质

心理咨询师气质泛指咨询师的专业形象塑造，它包括咨询师的业务能力、人格魅力、形象管理等方面。咨询师需要根据自身的特点、条件、专业取向等因素来不断加以塑造和完善。

任何职业的从业者都需要具备一定的气质与之匹配。心理咨询是一种特殊的助人工作，其从业者不仅需要具有相关的专业知识和技术，还需要了解来访者的内心世界，洞悉其生活隐私，以帮助他们认清其不良情绪与行为的成因，并促进他们的心理成长。因此，咨询师必须具备一些特殊的气质条件。

这里所谓的条件，除了专业知识和技能以外，就是咨询师外在和内在的气质表现。这需要咨询师根据自身的特点、条件、专业取向来塑造和完善个人的气质。

3. 咨询师气质养成

咨询师气质的养成，简单说来主要有两大方面。

(1) 咨询师的业务能力

所谓业务能力（professional competence），包括咨询师的专业知识、业务技巧、心理学相关知识及参加各种培训、工作坊所掌握的技能。同时，咨询师还要明确个人的专业取向，即对哪一种心理咨询的流派有特殊认同，或了解哪一种心理咨询的流派更适合自己的发展。无论是人本主义、认知主义、行为主义，抑或别的流派，咨询师都必须有所侧重、有所取舍，才能有所精通。

心理咨询与心理治疗、心理测验是不可分割的。心理咨询师应有扎实的心理学理论功底，对于普通心理学、人格心理学、教育心理学、医学心理学、心理测量学等学科的基本知识都应掌握，才能将咨询辅导工作建立在科学理论指导的基础之上。

另外，心理咨询师也应具备多方面的知识和生活阅历。例如，面对青少年的人生观问题、人际关系问题、人格发展与社会适应问题、学习方法问题、青春期生理、心理问题、恋爱婚姻问题等，咨询师需要有多方面的知识和经历才能深刻理解这些问题，并有能力引领青少年走出困惑，建立自信。其中，心理咨询师不仅要有心理学专业知识，还要有教育学、社会学以及基础医学方面的知识。咨询师只有从多方面发展自己的知识结构，才有条件给来访者以正确的启发、教育和指导。

(2) 咨询师的个人魅力

心理咨询师还要培养自己的人格魅力（dispositional charisma），这包括亲和力、吸引力、感染力和影响力等方面。咨询员的亲和力来自态度和蔼、目光慈祥、语气温和；咨询员的吸引力来自知识丰富、思想深刻、动作优美；咨询员的感染力来自平等对话、语言简洁、富于智慧；咨询员的影响力来自真诚理解、言之有物、启发互动。

心理咨询师体现个人魅力的关键是给予来访者信任感和安全感。咨询师只有让来访者对其产生信任，来访者才会放开自我，走出精神防御机制，与咨询师进行深入的交流。否则，来访者只会采取防御性的说辞，无法与咨询师进行深入的沟通与探讨。

有了信任之后做什么？就本质而言，咨询师的个人魅力在于影响力。心理治疗关系偏向于医患关系，包括诸如神经症的器质性变化，或者一定程度上的人格障碍，比如自恋性人格障碍、偏执性人格障碍。因此，这就需要咨询师具有一定程度的权威关系才能给来访者带来变化。而心理咨询又是平等对话，因为是平等对话，才能扩大咨询师的影响力。通过咨询师的能力对来访者深入地剖析，能够带给来访者的自我成长，这就是咨询师的个人魅力。

（二）相关知识：大师们对弗洛伊德的气质描述

心理学家奥尔波特对弗洛伊德的描述：美国著名心理学家、人格心理学之父高尔顿·威拉德·奥尔波特（Gordon Willard Allport，1897—1967）年轻时曾到维也纳拜访弗洛伊德。两人坐定后，弗洛伊德一言不发，奥尔波特倍感不适。为了打破沉默，奥尔波特提起在乘电车的路上，遇到了一个 4 岁左右的儿童，很怕脏，不断对妈妈说“这里太脏，我不坐在这儿”“那个人不干净，我不要坐在他身旁”，而他妈妈看上去是个十分古板的妇女。不料奥尔波特讲完话后，弗洛伊德竟盯着他问：“那孩子是不是你?”

这使奥尔波特大吃一惊，很不以为然，并在一生中都坚持认为精神分析的理论太主观，太缺乏实证。有趣的是，在生活中，奥尔波特确实是一个有洁癖之人。

艺术家达利对弗洛伊德的描述：1938 年西班牙裔著名艺术家萨尔瓦多·达利（Salvador Dali，1904—1989）在伦敦郊区弗洛伊德的寓所拜访了弗洛伊德。分手之前，达利将一本杂志交给弗洛伊德，上面有达利发表的一篇有关偏执狂的文章。不承想，弗洛伊德的眼睛一直盯着达利，丝毫都没有关注那本杂志。然后他缓缓地说：“我从来没有见过一个纯粹的西班牙人，太特别了!”

文学家伍尔夫对弗洛伊德的描述：1938 年 1 月 28 日，英国著名政治学家、作家伍尔夫（Leonard Woolf，1880—1969，英国著名文学家佛尔吉尼娅·伍尔夫的丈夫）在伦敦郊区弗洛伊德的寓所拜访了弗洛伊德。他对弗洛伊德的评价是：“我不需要去刻意赞美我所见过的名人。几乎所有的名人不是令人失望，就是令人觉得枯燥。但弗洛伊德是个例外，他有一种光环，不是名气的光环，而是伟大的光环。”

物理学家爱因斯坦对弗洛伊德的描述：著名物理学家爱因斯坦在 1932 年 12 月 3 日给弗洛伊德的信中写道：“当我给你写信时，我明确感受到我这封信的渺小，因为它只是一个善意的表示。我就像一个鱼钩上的诱饵，去钓起一条大鱼去享用。”

二、心理咨询师的形象管理

（一）基本概念

1. 心理咨询师气质的基本功训练

打造心理咨询师的气质，首先要具备良好的心理咨询基本功。这主要包括：同感共情能力、洞察分析能力、觉察自省能力和沟通表达能力。同感共情能力使人善于同感共情，换位思维；洞察分析能力使人善于进行心理剖析，情理兼顾；觉察自省能力使人善于自我批评，发现问题；沟通表达能力使人善于表述清晰、善举事例（表 1-1）。

表 1-1　咨询师的个人魅力之组成

能力方面	突出特点	突出结果	典型事例
同感共情能力	善同感共情，换位思维	很快建立咨询关系	罗杰斯的同感功夫
洞察分析能力	善用心理学的相关观念	很有见地，透过现象看本质	伯尔尼的深入分析
沟通表达能力	善表述思，维善举事例	很有说服力，令人信服	拉泽洛斯的问话
觉察自省能力	善于发现自身的问题	很快地自我成长	阿德勒的自我批评

(1) 培养同感共情的能力

咨询师不仅在咨询场合下可以自如地运用同感共情的技巧，在日常生活中也可巧加使用。在这里，心理咨询是两块牌子，正面看是咨询心理学，倒过来看是人际沟通的艺术。咨询师在提供咨询服务的过程中，能快速使来访者进入情境，给人带来一种信任感。

(2) 培养洞察分析的能力

所谓洞察分析力，就是透过现象看本质；用弗洛伊德的话来讲，洞察分析力就是变无意识为有意识。从这层意义上来讲，洞察分析力就是“开心眼”，就是学会用心理学的原理和视野来归纳总结人的行为表现。咨询师要在工作中不断地“开心眼”和“长心眼”。所谓“开心眼”，就是咨询师能够恰如其分地运用心理学的相关观点、理论来看待、解释来访者陈述的心理问题或困惑；所谓“长心眼”，就是咨询师能够不断积累自己的心理学见识，以逐渐形成自己的咨询套路和风格。

(3) 培养沟通表达的能力

心理咨询师要有熟练的表达技巧。其中包括怎样能在最短时间内了解来访者的有关情况，如使他困惑的处境或事件，症状出现的时间及其发展变化等；怎样适时地、机敏地提出问题；怎样发现来访者不自觉地掩饰和阻抗；怎样引导他们逐步认识内心深处的症结；怎样设计一些相应的方法来矫正某些不良行为，尤其是儿童神经症病人；怎样适时地向来访者进行某些解释、解释什么，等等。

(4) 培养觉察自省的能力

觉察就是对自我的反省、对自我的认识。对咨询师而言，自我觉察可以很快发现自己的投射点、自己的问题，或者说怎么样去更好地发展自我。

2. 咨询师气质养成的注意事项

咨询师的气质养成，是一种言语、体语、整体的组合，能给人一种良好的感觉。要培养独特的气质，必须注意以下几点（表1-2）。

表1-2　咨询师人格魅力的培养

魅力方面	突出特点	突出结果	典型事例
亲和力	态度和蔼、目光慈祥、语气温和	清除阻抗、建立信任	罗杰斯的真诚对话
吸引力	知识丰富、思想深刻、动作优美	解除防御、反省自我	弗洛伊德的洞察力
感染力	平等对话、语言简洁、富于智慧	深受启发、备受鼓舞	艾利斯的语言艺术
影响力	真诚理解、言之有物、启发互动	愿意尝试、接受暗示	格拉泽的平易近人

（1）面目要慈祥，让来访者感觉舒服

为了做到让来访者感觉亲切和舒服，咨询师必须做到跟来访者有眼神的交流，要让来访者感受到一种力量、一种坦然、一种和蔼可亲。咨询师在咨询的时候，要与来访者有对视，对视的时候要自然而不自卑，如果咨询师没有办法与来访者有直接的眼神交流，而是眼神游离，就会留给来访者一种不尊重的感觉。咨询师在咨询过程中，要有一种眼神的自然交流。在目光的交流中，给对方一种力量、一种定力。在短短的交流中，能有一种定力，给对方带来一种信息，这也不是一朝一夕能练就的。

（2）话语要精确，让来访者感觉很专业

话语精确，这是语言艺术，也是同感艺术。如果咨询师说话啰里啰唆，或不能把话说清楚，这样就会让来访者产生阻抗、不悦的体验。所谓倾听，不是不言语，而是被动地听，真正主动地听，是交流似的听。咨询师可以主动重复来访者的话或是紧跟着一种示意。罗杰斯有个习惯，他如果想让来访者接着说话，就会说："嗯?"这种互动交流、主动地听应该值得我们咨询师学习，并且在实践中形成自己的风格。

（3）同感要到位，让来访者感觉很贴心

同感一步到位，一个谈具体，一个谈感受。谈具体，就是具体化；谈感受，就是同感共情、情感聚焦，让来访者体会到"亲切中有距离，沉默中有交流"。

美国著名心理学家罗杰斯把沉默作为一种咨询技巧，巧妙地加以应用，达到一种"此时无声胜有声"的咨询境界。有一段罗杰斯做咨询的录像：一个妇女说着说着，伤心得泣不成声，而罗杰斯以沉默回应。最后，他拿出一块手绢给她，说：“你要不要先去休息一下？”这种沉默技巧的应用可以最大限度地化解来访者的心理负担，达到同感共情的咨询效果。

拓展阅读

心理咨询师的三种人生境界

和处在第一种境界的心理咨询师相处时，你会感觉他十分自信，性情比较张扬，很有锐气。他会非常乐意谈及他所获得的成就，同时尖锐地发表对不同观点的批评，表达对出现失误的同行的轻视。他的社会角色意识非常强，你能感到他确实以成为一名咨询师为荣，同时这个角色也捆绑了他，使他对自己的着装、在公众场合的表现、别人对他的看法或批评，都表现得特别在意。处于这个阶段的咨询师还有一个明显的外在行为特点，就是总会忍不住要去指出别人的心理和个性问题所在，涉及的范围包括亲人、朋友或同行。他的意见大多时候是有见地的，你能感觉到他确实指出了问题所在，但不知为何，就是让人心里不舒服。也许，你直觉地感到他说这些并不是为了帮你，只是为了证明他自己的能力和优越感而已。长此以往，此类行为会影响他的人际关系。这种类型的咨询师在咨询过程中采用的常常是探究型和控制型的咨询方式，乐于使用各种“立字见影”的简快方法，出现“野蛮分析”的时候比较多。

到了第二种境界，心理咨询师拥有了更多的心理能量，自身的情结也解决了不少，他成了比一般人更健康的人，或者叫自我实现型人。他拥有更多的知识和智慧，变得沉静下来。他不会主动谈及自己的成就，表现出低调和稳健。他神情内敛，对人和气。他明白自己的职业角色和本人真实自我的界限，也了解自身的局限。他从来没有想要把自己描述成一个没有缺点的完人。他可以坦然地谈及自己的不足之处，了解自身的弱点，这已不能让他感觉到是一种威胁。他断不会陡然指出别人的所谓的心理问题，尽管他能清楚地感觉到周围每个人的个性特点。在某个适当的时候，也许他会通过某些委婉的方式让你明白你可能还存在着需要解决的心理情结。然而他的方式却是隐晦和温和的，使你不会受到伤害，更不会让你在很多人面前难堪。你会感激地发现，他所说所做基本上不是为了证明他自己，而是出于对他人真诚的关怀和爱。这样的心理咨询师，常常会得到很多人的爱戴和崇拜，即使是同行，也要禁不住对他表示尊敬和欣赏。他的人际关系就要比处于第一种境界的人好多了。在咨询中，他无论采用哪科流派的方法，人本主义的精神都会贯穿始终。他在咨询过程中表现出踏实和沉稳，追求咨询的质量胜过追求咨询的速度。

第三种心理咨询师已经没有了角色的概念，整个人都和谐统一了，因而他并不会特意地装扮自己。当他出现在你面前时，你也许会觉得这是个特别朴实、平凡的人。这时候的他，经过修炼和领悟，已无所谓自信不自信，自卑不自卑。当你靠近他时，不能感觉到任何外显之气，只能感觉到他的内心就像大海般的深湛和平静。无论是直接的或委婉的，你都不会听到他对别人所下的结论或评判，他也断不会指出任何人的任何问题。哪怕他只是心神合一，静默少言地待在那里，你也能感觉到从他身上发散的那种对全人类的悲悯之情。这博大的、完全没有偏见的、淡淡的无形之爱无声地影响着周围的人，令罪人在他面前也不觉羞惭。就好像小孩子绝不会因为在慈爱的父母面前露出生殖器而羞耻一样，你也绝不会因为在他面前自然地表现出弱点而羞愧。尽管他从来没有对你说过关于你的弱点和问题，但他是如此这般的深湛和平静，当你靠近他时，自然就会照出自己的影子，清清楚楚地知道，自己还有哪些丑陋的地方。

3. 咨询师的个人成长

咨询师的个人成长（counselor self－growth），也是个人醒悟，即意味着必须看清自己，能够及时发现自身的问题。心理学家 Strup 就曾经认为，每个心理咨询师都应该发展出他自身独特的治疗风格，将治疗的艺术性与治疗技巧综合起来的一种独特的人格。这就是咨询师人格。

每个咨询师都要有一个咨询师人格。一般而言，一名咨询师进入咨询场合，就开始是一种特别打造的咨询师形象出现。“人格”在拉丁文当中是面具的意思。我们戴着心理咨询师的面具，这就是咨询师的人格。

咨询师如何培养个人成长呢？就是要根据自身特点打造出来独特的人格，所以，一位优秀的咨询师更类似于一位画家、小说家或者作曲家。这里面有它科学性的一面，也有它艺术性的一面。科学性就是有规律性、可重复性的一面。心理咨询的科学性一面是它的一些基本理论：精神分析、行为主义、认知调整等，这些都是有可重复性的、规律性的。但也有艺术性的一面，每个人都有他自己独特的风格，以及在某个方面的特长表现。这就是咨询师个人的魅力或个人的素养。达到这种境界，提高自我的觉察能力，包括自我的反省、自我探析；为了达到这层境界，就应该努力提升个人的觉察力，具体有两方面的措施。

一是自我反省：觉察自我的同感、洞察、判断、行动失误；

二是自我探析：觉察自我的专业取向、个人定向等。

咨询师的觉察力，一个是通过“内省”“内观”，即通过自身的努力去及时觉察，主动发现并寻找自己在咨询过程中的不足；另一个方法就是“外省”，即督导，通过系统的督导指正，找出自己需要改进的地方。

4. 咨询师的形象设计

(1) 形象设计

“形象设计”一词作为近年来最为时尚的词，我们早已耳熟能详。在此，首先必须明确何谓“形象”，何谓“设计”。

“形象”（image）一词在英语中含有偶像、相像、映象之意，在《辞海》中被解释为形状、相貌及根据现实生活中各种现象加以选择、综合所创造出来的具有一定思想内容和审美意义的具体、生动的图画。

形象指的是人的精神面貌、性格特征等的具体表现，并以此引起他人的思想或感情活动。它就像一种介质存在于人的主体和客观的环境之间。每个人都通过自己的形象让他人认识自己，而周围的人也会通过这种形象对你作出认可或不认可的判断，这种形象不仅包括人的外貌与装扮，而且包括言谈举止、表情姿势等能够反映人的内在本质的内容。

“设计”（design）一词源于拉丁语，含有徽章、记号、图案、造型、形式、方法、陈设等意思；在《辞海》中被解释为根据一定要求，对某项工作预先制作的图样和方案。

形象设计从属于现代艺术设计的范畴，它是集现代设计的共性和自然特点于一身的艺术造型形式。它的构成形式即运用各种设计手段，借助视觉冲击力和视觉优选，引起人们心理的美感判断，并着重于研究人的外观与造型的视觉传达设计。

从广义上讲，形象设计是指人们在一定的社会意识形态的支配下，进行的一种既富有特殊象征寓意又别具艺术美感的艺术创作与实践活动。从狭义上讲，形象设计是以审美为核心，依据个人的职业、性格、年龄、体形、脸型、肤色、发质等综合因素来指导人们，使化妆、服装服饰及体态礼仪等要素达到完美结合的创造思维和艺术实践活动。

(2) 咨询师的形象设计

弗洛伊德的精神分析行业能够做得非常成功，与其形象包装很有关系。他曾把自己打造成一个神秘人物，令人与其见面之后印象深刻。美国总统等重要人物都有专门的形象设计师，他们的发饰、服饰怎么弄都很有讲究，以突出其整体气质。

例如，克林顿原是阿肯色州的州长，刚当上总统的他非常缺乏自信，在讲话时总是遭到质疑，被批评为“缺乏总统坚定的口气”。后来经过形象设计师的精心设计，克林顿改变了自己的讲话语气和风格，最终形成了自己特有的口音和演讲风格，令听众为之倾倒。所以，形象不是一个简单的穿衣、外表、长相、发型、化妆的组合概念，而是一种综合的全面素质，需要用心来打造。

咨询师形象设计的内容，不仅包括外在形式，如服饰、化妆等，也包括内在的气质，如举止、谈吐、生活习惯等。虽然这种打造不是较短时间内可以完成的，但咨询师不可不知、不可不为。

总之，心理咨询师要根据自己的相貌、身材、专业取向、社会阅历等特点来设计个人的专业形象，使其顺眼、养眼但不抢眼。

(3) 咨询师如何设计形象

在咨询室里，面对来访者时，什么样的形象更容易让人感到咨询师的权威而亲切？

不同年龄层的咨询师，如何找到适合自己的形象定位？

作为一名心理咨询师，在与来访者建立关系时，一个良好的形象会起到事半功倍的效果。作为一名心理工作者，身在受人尊敬的行业，在不同的社交场合，也需要维护职业的荣誉。许多人埋首于心理咨询的专业学习，内秀有了，对自己的外在形象的打造却不知从何下手。随着一股股心理热潮的到来，心理咨询师已经越来越为公众所熟悉，那么如何在公众心目中树立一个良好的咨询师形象呢？换言之，心理咨询是很讲究第一感觉的。如果咨询师留给来访者的第一感觉是很邋遢的、很随便的，来访者会变得很胆怯，害怕在咨询师面前敞开自己的心扉，无法畅所欲言。

咨询师的形象设计应该注意以下 5 个方面（表 1－3）。

表 1－3　咨询师的形象设计

外观造型	房间布置	言语层面	体语层面	知识层面
样貌 学者风范 端庄、凝重	布局 整洁 舒适、和谐	发音 口齿清晰 减少方言	目光 慈祥 真诚、深邃	专业知识 全面丰富 灵活运用
服装 整洁庄重 有神秘感	色调 素谈宁静 祥和明快	语速 平缓 起落有序	表情 丰富、真切同感 互动	非专业知识 知识渊博 学有所长
饰物 有品位 有象征意义	家具 有品位 不张扬	语调 抑扬顿挫 干脆利落	坐姿 放松自然 保持距离	跨文化知识 了解不同 文化特点
造型 有个性 有独特风格	装饰物 有艺术鉴赏 有象征意义	表述 简洁明确 形象比喻	动作 优美 得体大方	语言技能 掌握外语 （英语）

(1) 样貌、服饰要有专业风范

咨询师应有学者风范，应给人端庄、凝重的印象；要给人以信任感，不可太调侃，但又要能把来访者的内心体验调动起来。此外，咨询师的服装要整洁，并根据来访者的不同性别、年龄和问题，着不同的服装，特别是女性佩戴的饰物，要有品位，个人造型也要有个性。

(2) 房间布置要有一定的象征意义

咨询场合要整洁、舒适、和谐，并给人积极的暗示，令人一进入咨询室就开始了咨询。例如，在弗洛伊德的诊室里摆放着各种雕像，给人一种艺术馆的感觉，那是他个人的风格。此外，咨询师布置自己房间的时候，要思考它的象征意义是什么，不可以随便布置。

(3) 言语交流要明确

说话简洁明确，三两句话就能抓住来访者说话的要点；而说话啰里啰唆，不仅会搅乱来访者的心绪，也会让来访者无法抓住谈话重点。对咨询师而言，自己没把事情说清楚，会让来访者说得更糊涂。

(4) 注意体语交流

咨询师目光要和蔼，表情要自然，坐姿要放松，动作要得体。在咨询场合下，体语的交流与言语的交流一样重要。对此，咨询师不可忽略。

(5) 关注专业知识的积累

咨询师要具备充分的专业知识和非专业知识，同时也应该具备一定的跨文化知识及外语能力。在咨询场合下，咨询师的专业知识和生活阅历越丰富，咨询关系则越容易建立。

三、咨询师着装注意事项

咨询师还要注意自己的服装语言，以传递轻松和谐、乐观向上的信息。在这点上，咨询师着装要注意几个方面。

1. 正式但不刻板，轻松但不轻佻

这是指心理咨询师着装要颇为正式，但又不能过于正式。颜色应以淡色为主，不应是深色，更不能色调太鲜艳。特别是女性，更要注意自己服装与服饰的搭配，要给人以品位高尚、素雅的感觉。

2. 因人而异，据龄而别

咨询师着装要根据来访者的年龄、性别、职业和咨询内容不同而有所调整。例如，对儿童和青少年，咨询师的着装尤其不能选择深色，而应该亮丽一些，以增进亲和感。还有，对于男性来访者，女咨询师的服装不能太休闲、袒露，以避免引起来访者的过分关注。

3. 不要搭配太鲜明

咨询师着装要注意颜色简单、和谐，不能太刺眼。咨询师着装颜色对比太鲜明（如大红大绿，黑白分明），就会给来访者带来巨大的视觉刺激，不利于对方与自己的目光交流及心态平和。

4. 不要搭配太杂乱

咨询师着装要注意搭配简单、和谐，不能太杂乱。咨询师着装搭配对比太杂乱（如服装的颜色有 6 种以上），就会令来访者感觉眼花缭乱，进而心态也可能杂乱起来。

总之，心理咨询师还要培养个人的人格魅力。这包括亲和力、吸引力、感染力和影响力等方面。咨询师的亲和力来自态度和蔼、目光慈祥、语气温和；咨询师的吸引力来自知识丰富、思想深刻、动作优美；咨询师的感染力来自平等对话、语言简洁、富于智慧；咨询师的影响力来自真诚理解、言之有物、启发互动。心理咨询师在咨询场合中衣着邋遢、动作轻佻、说话随便、东张西望，是对人对己最大的不尊重。

拓展阅读

座位安排中的心理学：如何摆放家具？

哲学家和社会批评家保罗·古德曼曾对心理治疗中的座位安排进行过研究。

在经典的精神分析中，患者躺在睡椅上，心理治疗师坐在睡椅头部的一边，这样患者就看不到心理治疗师了。可这种坐法会使心理治疗师“漠视”患者，使患者与心理治疗师缺乏交流，会影响咨询关系的建立。

古德曼让心理治疗师和与访者在桌子两侧面对面而坐，这种坐法可以促进两者的互动，并便于把问题放到桌面上讨论。桌子在这里有一个保护屏障，例如，它可以隐藏生殖器。

最后，古德曼与皮尔斯一起进行格式塔心理咨询，认为格式塔心理治疗中的座位安排应该是这样的：随着不同情况的发生，座椅可以自由转动，这样会令患者感觉很舒服。

古德曼言：“我们希望这样的坐法，会令心理治疗师形成一种更亲密的社交风格。”

心理咨询师要十分注意自己的形象塑造，要清醒地意识到它可能会给来访者带来什么样的暗示作用。

总统的造型重在表现活力与自信，经理的造型重在表现阅历与能力，咨询师的造型重在表现尊重与神秘。

心理咨询师一定要给人留下美好的第一印象，这就要求咨询人员对自己的服装、佩饰、表述、用词、神态、目光、发音、语调、语速、肢体语言、知识结构等都深有讲究，以最大限度地发挥其积极向上的象征意义和暗示作用。

心理咨询师要根据自己的相貌、身材、专业取向、社会阅历等特点来设计个人的专业形象，要使自己的形象顺眼、养眼但不抢眼。就像画家要有自己的画风，文学家要有自己的文风，咨询人员也要有自己独特的形象设计和咨询风格。咨询人员要给人们以亲切却又神秘、简洁却又深奥的感觉。

弗洛伊德手夹雪茄的造型堪称经典亮相，给人以巨大的权威感和神秘感。同样，荣格的蝴蝶结造型也是他的个人风范，给人以学者的鲜明感觉。

患者到医院里去看病，是不会在乎医生是什么长相、装扮、说话样子的，只要他的医术高就行。但来寻求心理咨询的人却很在意咨询师合不合“眼缘”，会不会令自己信服。

第二章　心理咨询的基本技术

第一节　心理咨询的会面接待技术

一、心理咨询的流程管理技术

（一）心理咨询的预约模式

初步了解来访者想要解决的问题后，确定来访者愿意前来咨询。这时应该建立合适的预约模式。

1. 心理咨询的 3 种预约方式

目前，心理咨询主要存在 3 种预约方式：当面预约、电话预约和网上预约（表 2－1）。

表 2－1　3 种预约方式的优缺点

预约方式	优点	缺点	备注
当面预约	来访者有机会更详细地了解咨询室、咨询中心及咨询师等各方面的情况	来访者费时费力	可以提供给来访者一张预约备忘卡，注明咨询的时间、地点、咨询师及联系电话
电话预约	①来访者有机会比较详细地了解咨询室或咨询中心的情况； ②来访者无须前来，比较方便	电话预约人数较多时会占线，且每次谈话时间不能很长	有一部能够记录来电号码的电话很有必要
网上预约	对来访者来说方便快捷	来访者只能通过网上信息了解情况，缺少互动	有细致的网上信息介绍很有必要

在实际操作中，通常 3 种预约方式同时使用。但有两点需要说明。

第一，来访者当面预约，预约成功后，可以为其提供一张预约备忘卡，注明咨询的时间、地点、咨询师及联系电话。

第二，对于电话预约来说，有一部能够记录来电号码的电话很重要。因为有时会由于疏忽而忘记记录来访者的联系方式，这时有一部有来电显示的电话就很重要了。

当面预约或电话预约时，预约员需要向来访者介绍以下内容：

● 机构情况：成立历史、专家团队、擅长的服务项目、售后服务等。

● 咨询师情况：咨询师的培训背景、资历及擅长的方面等。

● 咨询情况：咨询的时间长短、咨询的配合要求等。

● 收费标准：短期、中期、长期的收费要求，价位差异等。

通常，来访者会针对以上情况对预约员提问。来访者确定进行咨询后，预约员需要做以下几件事情。

● 按照预约登记表登记来访者情况（表 2-2）。

表 2-2　预约登记表

编号	来电（来访）日期	姓名	性别	年龄	电话	咨询日期/时间	希望探讨问题	咨询师	预约员	备注

登记来访者情况时，有一点特别需要注意：联系电话除来访者本人手机号码外，最好还有一个备用电话号码，以备无法接通时联系使用。

● 重复咨询师姓名及预约的咨询时间。

● 告诉来访者地址，并提供一些可以到达的方式。

● 通知咨询师。

[案例 2-1]①

预约员：喂，你好，这里是××心理咨询中心。

来电人：你好，我想预约一个咨询。

预约员：好的，关于我们这里的情况，您想先了解些什么？

来电人：每次咨询多长时间啊？

预约员：50 分钟。

来电人：那收费多少？

预约员：不同的咨询师收费不同。一般是每次 300 元，如果是实习咨询师，每次 150 元。

来电人：我就找一般的咨询师吧。

预约员：好。那您想咨询哪方面的问题呢？

来电人：我想咨询工作方面的一些事情。

① 岳晓东.《登天的感觉》（修订版）[M]. 合肥：安徽人民出版社，2011.

预约员：能稍微具体说一下吗？这样比较有利于我为您推荐适合的咨询师。

来电人：我觉得我在公司总是感觉很压抑，对工作没兴趣，我很希望能找到一些方法改变这种状况。

预约员：嗯，听起来您在工作方面遇到了一些困难。我们咨询中心有两位老师比较擅长工作方面的咨询，一位是李弘老师，一位是张莉老师，您想了解一下她们的情况，以帮助您作出选择吗？

来电人：他们是男的还是女的？

预约员：都是女老师。

来电人：哦，她们都多大了？

预约员：李老师 40 多岁，张老师 30 多岁。

来电人：噢，那我预约张老师吧。

预约员：好的，张老师咨询的时间是每周二晚 6 点到 9 点，现在可以安排的时间是周二晚 7 点到 7 点 50 这个时间段，以及 8 点到 8 点 50 这个时间段。您觉得哪个时间段比较方便？

来电人：8 点到 8 点 50 吧。

预约员：好的，我帮您登记下来。您的姓名是？

来电人：刘潇潇。

预约员：您的年龄？

来电人：30 岁。

预约员：您的联系电话是？

来电人：×××××××××××。

预约员：请您再留一个能够联系到您的固定电话，以便有什么紧急情况，但您的手机又打不通时，我们与您联系。

来电人：好的，×××××××××××。

预约员：好，您预约的咨询师是张莉，时间为下周二，也就是 9 月 4 日晚 8 点至 8 点 50。您希望探讨的问题是关于工作方面的。

来电人：对。

预约员：您还有什么其他问题想了解吗？

来电人：嗯……暂时没有了。

预约员：好的，那您知道怎么到这里吗？

来电人：不大清楚。

预约员：我们这里位于东四环，如果您乘公交车的话，可以乘 1 路、96

路、67 路，下车后，您打听王子大厦，然后到 808 室就可以了。下车后，要再走七八分钟。

来电人：好的，非常感谢。

预约员：不客气。请在周二提前 10 分钟到咨询室，有任何疑问，请再和我们联系。

来电人：好的，谢谢。

预约员：不客气，再见。

预约员：张老师，您好。我是咨询中心的预约员王晓林。

咨询师：你好，晓林。

预约员：下周二晚，8 点至 8 点 50 分，给您预约了一个咨询。这是位男性来访者，30 岁，大概问题是工作时感到压抑，对工作没有兴趣。

咨询师：好的，我知道了。谢谢你。

预约员：不客气，有什么问题您再跟我联系。

咨询师：行。

预约员：张老师再见。

咨询师：再见。

2. 相关知识：心理咨询追踪测评

心理咨询服务关系终止后，咨询师应该进行短期或长期的追踪测评。短期追踪测评在治疗后 3～6 个月内进行，长期追踪测评应在咨询结束后 1 个月至 1 年（或 1 年以上）进行。通常，咨询师在为来访者进行复查时应留出充裕的时间，以测定在没有咨询师帮助的情况下来访者维持行为改变的时间。进行追踪测评的理由有许多，主要有以下几点：

●体现了咨询师对来访者的状况的持续关注。

●提供了用来比较来访者在咨询前后表现变化的指标。

●确定了在缺少咨询师帮助的情况下，来访者自身行为的变化。短期和长期的追踪测评也可以采取多种形式，下面提供一些方法：

●把来访者请来进行追踪会谈，会谈的目的在于考察来访者如何处理他以前的问题行为。会谈也可以包括角色扮演，让来访者演示目标行为。

●给来访者邮寄调查表和问卷，探询他原来问题的当前状况。

●给来访者寄一封信，询问原来问题的情况，记住要提供一个贴好邮票、写好回信地址的信封。

●打电话给来访者以获得口头报告。如果以前用过目标达成标尺测试，那么写信和通过电话报告是仍可继续用目标达成标尺测试的。

以上描述了一次性的追踪过程，如一次会面、一封信或一次电话采访。更深入的追踪应在一段确定的时间内（如两三个星期）让来访者参与对目标行为的自我检测或自我评价。

（二）心理咨询的记录整理

1. 咨询记录

每次咨询结束之后，咨询师需要拿出时间表来做好咨询记录，一方面是记录下来访者的成长历程；另一方面是咨询师反思咨询过程，思考咨询对策的时间。对新手来说尤其如此。

根据咨询过程，可以分为每次的记录、总结几次咨询的记录、已经结案时的记录。其中，每次的记录可以分为逐字稿型和摘要型。

每次的记录，顾名思义，就是每次咨询结束后的记录，其注意事项如下。

（1）逐字记录

在咨询过程中，应该全程录音或录像，事后将其完全转换为文字。此种记录方式费时费力，然而对于咨询师的成长来说最具好处。它也是寻求督导时的好材料。

（2）摘要记录

在心理咨询过程中，应该简要记录下咨询过程中出现的要点，比如来访者是否按时到，谈话内容有哪些，咨询师是如何反应的，咨询师对来访者的问题有哪些假设，咨询师的自我效能感如何等，并总结几次的记录（图2-1、表2-3）。

个案记录
（编号：________）

来访者：	咨询师：
面谈日期：	面谈时间：
录音：有/无	录音编号：
录像：有/无	录像编号：

来访者提出的问题：
____

来访者表现得特别之处：
____

来访者曾表达的重要的内容：
____

你与来访者的互动：
____

你所认为的来访者的核心问题：
____

对此次疗程和对个人效能的评估： ____ 下一步咨询的方向： ____ 其他备注： ____

图 2-1　记录样例

表 2-3　咨询经过概要表

编号：	姓名：	
年　月　日	次数	内容摘要
	第一次	向我介绍了他的家庭情况及工作情况
	第二次	详细介绍了家庭关系，并且说开始上班了

要对几次咨询做记录的原因有以下几点：

- 方便查找案例记录。
- 可以发现谈话内容的变化。
- 从总结中也许会有一些新发现。

那么，要记录哪些内容呢？

(3) 谈话内容的概要

主要总结一下咨询时谈话的内容，特别要注意谈话内容的变化。在咨询室内外来访者的变化，或者咨询师对来访者印象的变化。

在咨询结束后，应该对该个案做结案记录，帮助咨询师回顾在整个咨询过程中来访者的变化及咨询师的成败得失。

结案记录要包含的内容有：

- 来访者的姓名、性别、年龄、编号。
- 咨询师的姓名。
- 咨询开始的时间。
- 咨询结束的时间。
- 咨询次数。
- 来访者最初提出的问题。
- 你界定的问题是什么。
- 咨询是如何结束的。

- 来访者是否有进步。
- 如果有进步，你觉得最大的进步是什么。
- 是什么促成这种进步的。
- 如果没有进步，你觉得原因是什么。
- 咨询的大体过程是什么。
- 你的个人反思有哪些，对以后的咨询有何启示。

具体的结案记录样例如图 2-2 所示。

结案记录

（编号：________）

来访者的姓名：____________________　来访者的性别：____________________

来访者的年龄：____________________　咨询师的姓名：____________________

咨询开始时间：________年________月________日

咨询结束时间：________年________月________日　咨询次数：共计________次

来访者最初提出的问题：

____

你所界定的问题：

____

咨询的简要经过：

____

咨询是如何结束的：

____

你认为来访者是否有进步？○是　○否

如果有进步，你觉得他的进步表现在哪些方面：

____

如果有进步，你觉得是什么促进了他的进步：

____

如果没有进步，你觉得原因是什么：

____

你对整个咨询的满意度如何？

0　1　2　3　4　5　6　7　8　9　10

————————————————————→

非常不满意　　中间　　非常满意

你对整个咨询过程有何反思及它对你未来的咨询有何启示：

____

其他：

____

图 2-2　结案记录

2. 相关知识

图 2-3 是一个较为完整的空白咨询记录。

心理健康档案

来访者姓名：________ 出生日期：________ 年龄：________ 性别：________

A. 治疗评估

1. 当前问题（来访者的叙述）：

____

____

2. 突发事件（前来咨询的缘由）：

____

____

3. 相关的医疗史（医疗检查、使用药物情况、疾病种类、伤残情况、手术情况等）：

____

____

4. 以前的精神学及心理咨询和治疗情况：

____

____

5. 其他相关史（职业/学校，人际关系/性关系，社会/法律等）：

____

____

6. 简明精神状况评估（在项目上画钩）：

外表/衣饰　智力　判断力幻觉/幻想　思维混乱

近期记忆　远期记忆

_____适当 _____高 _____良好 _____没有 _____没有 _____完整 _____完整

_____不适当 _____中 _____缺失 _____有 _____有 _____缺失 _____缺失

_____没有评估 _____低 _____没有评估 _____没有评估 _____没有评估

_____没有评估 _____没有评估

7. 情绪/情感（描述）：

____

8. 自杀评估（危险、先兆、计划）：____________________

他杀评估（受害者、暴力、计划）：____________________

9. 临床架设框架（症状解释：包括优势/资源因素，对治疗/日程的阻碍因素等）：请简明而具体地写出：

____

____

10. DSM-4 的轴Ⅱ编码和名称：____________________

诊断印象：DSM-4 轴Ⅰ：____________________

B. 治疗计划

1. 针对性、指向性、行为的和可测量的目标，特别强调当前的问题：（按需要可增加篇幅）

____

2. 治疗类型：认知/行为疗法/人际关系/顿悟/情感疗法/意识疗法其他：

____

3. 治疗时程：咨询开始日期：______ 预期几次可以结束：______ 咨询结束日期：______

4. 来访者形态：个人 夫妻 家庭 个人/家庭 医学治疗 群体治疗 其他（　　）

问题　　目标　　可测量的成功标准　　选择的干预措施

① ____

② ____

③ ____________________

治疗者签名及电话：________　执照编号：________　时间：________

来访者评语：____________________

治疗报告一（第一次出诊评估后的）咨询日期：____________________

C. 目标　　是否获得进步　　评语

是　有些　没有　____________________

1. ________　______　______　______　____________________

2. ________　______　______　______　____________________

3. ________　______　______　______　____________________

明显的改变或者紊乱：____________________

要求进行的治疗服务：____治疗者签字：________　执照编号：________　时间：________

治疗报告二（第一次报告后的）咨询日期：________

已经进行的治疗次数：________

目标　　是否获得进步　　评语

是　有些　没有　____________________

1. ________　______　______　______　____________________

2. ________　______　______　______　____________________

3. ________　______　______　______　____________________

明显的改变或者紊乱：____________________

____

要求进行的治疗服务：____________________

____

治疗者签字：________　执照编号：________　时间：________

报告一的治疗者电话：________　C. M 签字：________

CerT. Vst ________　Den：________　日期：________

D. 治疗计划

治疗报告一

咨询日期：________　已经进行的治疗次数：________

目标　　是否获得进步　　评语

是　有些　没有　____________________

1. ________　______　______　______　____________________

2. ________　______　______　______　____________________

3. ________　______　______　______　____________________

明显的改变或者紊乱：____________________

____

要求进行的治疗服务：____________________

____

治疗者签字：________　执照编号：________　时间：________

报告一的治疗者电话：________　签字：________　日期：________

E. 治疗结束报告

咨询日期：________　最后一次咨询日期：________　总咨询次数：________

目标（见前页）　是否获得进步　结束咨询的理由

是 有些 没有　评语　________达到治疗目标

1. ________　______　______　______　____________________　________无效（　）

2. ____________ ______ ______ ______ __________________ ________无效（ ）
3. ____________ ______ ______ ______ __________________ ________来访者转诊
________不合宜（ ）
________来访者退出
治疗者签字和电话：____________________ 执照编号：____________________
时间：____________________

图 2－3 完整的咨询记录样本

二、心理咨询的会面接待技术

（一）心理咨询的首次会面

了解来访者想要解决的问题并确定来访者愿意前来咨询，第一次的心理咨询会面，对建立来访者的信任，相当重要。

1. 注意着装及熟悉流程

咨询师第一次与来访者会面，着装是首先要考虑的问题，如同布置心理咨询室一样，这也向来访者传达出他是怎样一位治疗师，以及他准备如何与其交往方面的信息。

咨询师的着装要避免如下几点：

- 过于时髦的服装：如非常前卫、时尚的服装。
- 过于正式的服装：如深色的西装套服、中山装等。
- 过于休闲的服装：如运动服、休闲装等。

咨询师若要全身心投入与来访者的互动中，首要条件就是生理上的舒适，衣服过紧或面料不舒适都会影响咨询师对咨询过程的投入。

来访者到来前，咨询师最好提前 10 分钟到达，调整自己的状态，整理房间的摆设、桌椅等，并做好心理准备。为了帮助自己更好地进行调节，咨询师可以做一个清场练习。清场练习是格式塔治疗中的技术，是指治疗师暂时将自己与治疗无关的反应搁置一边。

清场练习

请闭上眼睛……体验自己坐在椅子上的重量和自己脚踏地面的感觉，留意自己的呼吸是急促的还是舒缓的。

关注躯体的张弛，你的能量能否自如地流淌，是心怀对过去的担忧还是对未来的预想？对于上述练习，大多数你都能感觉、体会和思考吗？识别自己的哪些关注和担忧与即将到来的治疗毫无关系，设法将其悬搁。尽可能明晰此时自己内在的一些体验，并顺其自然。聚焦你周围环境中的所感所闻以及你自己的感受，使自己全身心地投入现时这个特定的时刻中来。

清场练习在每次做咨询前都可以使用，如果是多次咨询，还可以采取下面的措施：

● 查看上次会谈记录，回忆连续性主题。

● 回忆任何需要切记的事情，比如来访者是否过于紧张，或者来访者与咨询师之间的人际关系类型。

● 牢记此次会谈的焦点或目的。

● 理清上述所有需要考虑的事项，返回到现时的情景中，充分准备接待来访者。

来访者到来时，咨询师最好亲自为来访者开门，并且告知来访者你就是他的咨询师，表现出对来访者的尊重与欢迎。接着，咨询师可以带来访者一起走到接待处，填写登记表（图 2－4），办理相关手续。

来访者登记表

姓名：__________　性别：__________　年龄：__________

宗教：__________　教育程度：__________　职业：__________

婚姻状况：○未婚　○已婚　○恋爱　○离婚　○丧偶

子女人数：__________

电话：（住宅）__________　（手机）__________

住址：__________

曾否接受过辅导、咨询或治疗？

○未曾

○曾

辅导、咨询或治疗的机构名称：__________　年份：__________

这次要求辅导、咨询的原因：__________

____

____

你期望经过辅导或咨询后达到怎样的结果：__________

____

____

来访者签名：__________　日期：__________

图 2－4　来访者登记表

在一些空隙时间，如从门口走到接待处、办完手续后的等待时间，可以与来访者进行一些寒暄，帮助来访者放松下来，在轻松的氛围下开始建立关系。因为来访者带着自己的问题来见一位陌生人时，肯定会感到紧张。

寒暄的内容可以包括：他是怎么过来的，路上人多不多，从事什么职业，学什么专业的，平时喜欢什么娱乐活动，等等。通过这种方式，不但可以让来访者感到与你之间的谈话轻松自在，同时也充分体现了咨询师对来访者的兴趣。

在初次会谈过程中，咨询师如果发觉来访者有些紧张，可以对来访者温和地说："是不是有些紧张啊？来一个陌生的地方，和一个陌生的人谈话。"通常，在帮助来访者表达出他的不安时，他就会放松很多。咨询正式开始，咨询师与来访者一起进入咨询室。

首先，需要就一些基本的问题进行交谈。咨询师需要向来访者进行自我介绍，包括自己的姓名，教育、培训背景等，介绍完后，鼓励来访者提问。例如："我叫王敏，是这里的咨询师，我从2005年开始接触心理咨询。我现在是国家二级咨询师，今天很高兴见到你。"

其次，邀请来访者介绍自己，并询问他喜欢被称呼的方式。例如："你也介绍一下自己吧。""你喜欢我称呼你什么呢？"有时，来访者不知道怎么介绍自己，这时，咨询师可以说："介绍什么都可以，你希望我了解的一些方面，比如你的工作、性格、家庭，等等。"当来访者介绍完后，咨询师可以说："好的，通过你的介绍，我对你有了一点儿了解，我想，随着咨询的进行，我们会逐渐更多地了解对方的。"

再次，向来访者呈现《知情同意书》，请他阅读，鼓励来访者提问，并就重要问题作出说明。双方无异议后，在《知情同意书》上签字，双方各执一份。例如："这是我们的《知情同意书》，请看一下，如果你有任何问题，可以提出来。""如果没有其他疑问，请在同意书上签字，这里有一份放入你的档案袋，你自己保存一份。"需要注意的是，在谈《知情同意书》的问题时，态度要和缓、温和，否则会使得气氛过于严肃，造成来访者的紧张心理。另外，还需说明《知情同意书》上的条款对来访者的保护作用是很重要的。

最后，咨询师可以询问来访者是否有过咨询经验，并询问来访者所设想的心理咨询是怎么样的。咨询师可以问："你以前有没有做过咨询呢？"如果来访者回答"没有"，咨询师可以接着问："你想象中的咨询是如何进行的？需要进行多少次？"如果来访者回答"有"，咨询师可以接着问："根据你以往的经验，你觉得咨询是怎样的呢？"为什么要询问来访者对心理咨询的设想呢？有研究表明，来访者对咨询的预期，对咨询的结果有重要影响。如果真正的咨询与来访者的预期比较一致，对结果有积极的影响；如果真正的咨询与来访者的预期不一致，则对结果有消极的影响（赖丽足 等，2018）。

在咨询前，了解来访者对咨询的预期，并对不合理预期作出调整，是很重要的。通常，来访者对个人要承担的责任有很低的预期，而对咨询师的专家角色有很高的预期。帮助来访者调整预期，心理咨询通常需要进行一段时间，时间长短随对方想要解决的问题的不同而有所不同。咨询并不是你把问题提出来，我给你一个答案或解决办法，而是需要双方的配合与共同努力，双方都要有投入才能帮助来访者解决问题。

初次会面开始治疗性会谈主要存在两个目标：

一是了解来访者的问题及想要达到的目标。

二是双方初步确定工作方向。

[案例 2-2][①]

咨询师：你好，是潇潇吧。

来访者：是的。

咨询师：我是你的咨询师张莉，很高兴见到你。现在，我带你先去办理一些登记手续吧。

咨询师：你是怎么来的啊？乘公交车？

来访者：嗯。

咨询师：路上人多吗？

来访者：今天不太多。

咨询师：这里好找吗？

来访者：挺好找的，我顺着指示牌就走到了。

接待员：你好，请你填写一下这个表格。

来访者：好的。

咨询师：在咨询正式开始前，我们有一些事务性的事情要处理，现在我们先彼此了解一下，因为我们彼此还比较陌生。我先介绍下我自己，我叫张莉，是这里的咨询师，我接受心理咨询的培训已经有 5 年的时间了。这些年里，我接待了很多在工作方面有困惑的来访者。这是我的一些简单的情况，你呢？你也介绍下自己吧。

来访者：我叫刘潇潇，在一家企业里做技术工作。今年 30 岁了，已经结婚，对工作很不满意……就先说这么多吧。

咨询师：好的，那关于我，你还有些什么想要了解的吗？

来访者：嗯……暂时没有了。

咨询师：好的，我想随着咨询的进行，我们能更多地了解彼此。你可以称呼我张老师，你希望我怎么称呼你？

来访者：就叫潇潇吧。

---

① 岳晓东，《怎样做最好的自己》[M]. 合肥：安徽人民出版社，2011.

咨询师：好的，潇潇。在咨询开始前，我们会让每位来访者签一份《知情同意书》，了解咨询师和来访者的权利和义务以及了解我们对来访者有哪些保护。这就是我们的《知情同意书》，你可以先看一下，如果有什么疑问和不明白的地方，可以问我。

来访者：第七条中的“录音”是什么意思啊？

咨询师：咨询师需要寻求督导，也就是说找水平更高的咨询师来指导工作。如果我们能够给督导老师提供录音、录像资料，他就能更直观地、更好地帮助你，我表达清楚了吗？

来访者：嗯，明白了。那这会是保密的吧？

咨询师：一定会保密的。在录音或录像前，我们首先会征得你的同意，并且你所有的咨询资料都是保密的，未经你的许可，我们是不会将你的任何资料透露给第三方的。

来访者：好的。

咨询师：你还有其他疑问吗？

来访者：没有了。

咨询师：那你现在在同意书上签字，一份你自己保留；另一份保留在中心给你提供的档案袋里。

来访者：好。

咨询师：我看到你的登记表上写着以前没有接受过咨询，那你想象中的咨询是如何进行的呢？一般要进行几次呢？

来访者：我不知道说得对不对。我想象中的咨询就是我把我的问题告诉咨询师，然后咨询师给我一些意见，告诉我应该怎么做。我最开始想应该就咨询一次。

咨询师：嗯，这是对咨询的一种理解方式。其实心理咨询通常需要进行一段时间，时间长短由你想要解决的问题而定。咨询并不是你把问题提出来，我给你一个答案或解决办法这么简单，而是需要我们两个人的配合与共同努力，也就是说我们两个都要有投入，才能帮助你解决问题。

来访者：哦……

咨询师：那你现在怎么理解心理咨询？

来访者：嗯……心理咨询是一个过程，需要两个人的配合。

咨询师：对，我的责任是利用我的专业知识来帮助你，你的责任是把你的感受告诉我，并且愿意采取行动，去实现目标。

来访者：嗯，明白了。

咨询师：好的。那现在我们就正式进入谈话。

2. 咨询师的素养要求

（1）心理咨询师的知识素养

心理咨询师必须掌握相关的心理学、教育学等专业知识，并要求有一定的广度和深度，这是学校心理健康教育教师能否胜任的关键。这些知识主要包括以下几点。

一是基础性课程：如普通心理学、实验心理学、发展心理学、生理心理学、社会心理学、人格心理学、变态心理学、心理学研究方法等。

二是测量性的课程：如教育与心理统计、心理测量学；掌握人格、学习、行为、情绪等方面的测验和测量。

三是干预性的课程：如心理咨询基础理论、主要咨询流派的理论方法和治疗技术、团体心理咨询、危机干预等。

四是其他外围知识：相关的医学知识和人文社科知识。

（2）心理咨询师的能力素养

心理咨询是实践性很强的活动，要善于运用各种理论知识和技术方法与来访者建立良好关系，帮助来访者解决心理问题。高校心理咨询师应具备相应的专业态度、咨询技能和专业成长能力。

第一，建立咨访关系的能力：良好咨询关系的建立是咨询的第一步，是心理咨询的基础，更是决定咨询成败的关键因素。可以说，良好的咨询关系本身就具有心理治疗的作用。为了建立良好的咨询关系，心理咨询师应该在过程中做到如下几点。

● 共情。艾维等人（2015）在《咨询和心理治疗——技巧、理论和练习》一书中提出，共情是最为核心的因素。咨询师要从来访者内心的参照体系出发，设身处地地体验来访者的精神世界，随后运用咨询技巧把自己对来访者内心体验的理解准确传达给对方，同时引导来访者对其感受做进一步思考。

● 无条件积极关注。咨询师应以积极的态度看待来访者，对来访者的言语和行为的积极面、光明面或长处给予有选择的关注，利用其自身的积极因素促使来访者发生积极变化。咨询者对来访者的积极关注不仅有助于建立良好的咨询关系，本身就能产生咨询效果。

● 尊重。尊重是指咨询师对来访者的现状，包括价值观、人格特点和行为方式予以接受、悦纳，给来访者创造一个安全温暖的氛围，使其最大限度地表达自己。

● 温暖。温暖也可以有效的化解来访者的敌意，显著改善咨询关系。在咨询过程中，咨询师不仅要通过语言，也可以借助非语言的方式，如体态、动作、表情等身体行为和语气、语调等方式来实现。

● 真诚。咨询师在咨询关系中应是真实的，不会虚伪地保护自己，也不是在扮演角色，把自己藏在一个专业咨询师的假面具后面，而是以真实的自己与来访者接触，是表里如一的人，没有虚假和做作。

第二，基本评估诊断和转介的能力：诊断是医学中的一个重要术语，代表了人们基于不同理论对疾病不同水平的认识。心理健康问题分为 3 个不同的层次，前来求助的不一定是心理咨询的对象。因此心理咨询师需要掌握以分类和描述为基础的各类诊断标准（如 ICD、DSM、CCMD 等）。对不适宜咨询的个案评估及转介是高校心理咨询师主要的工作内容之一，特别是当来访者表现出明显的心理问题时，咨询师应该作出专业判断并予以转介。

第三，运用理论和治疗模型的能力：不同理论取向的流派具有不同的治疗模型，行为诊断要确定异常行为，即“靶行为”。认知心理学诊断要找出来访者错误的认知结构，家庭治疗则需要将来访者个人问题延伸至家庭系统中去寻找根源，精神分析关心的是来访者的潜意识、内心冲突、防御机制及早年经历中的“创伤”。同时也发展了不同的技术手法，例如认知行为流派的具体技术包括：使用思维记录的技术、暴露技术、放松技术、识别和矫正核心信念的技术、活动监控和活动安排技术、检验自动思维的技术、引导式发现和苏格拉底提问技术等。心理咨询师不但要熟练掌握这些技术，而且要能在恰当的时机使用这些技术引导来访者不断探索、发现和自我成长，从而达到人格完善。

第四，得到督导的能力：合格的咨询师必须对自我的专业能力和心灵成长保持关注和努力。因为心理咨询是一个过程复杂的工作，来访者的问题复杂多样，而咨询师在理论知识、实践操作以及个人素质方面存在的不足之处会导致职业耗竭水平严重。因此，咨询师要保证自己能通过督导来实现专业成长与可持续的心理健康。

（3）心理咨询师的道德素养

心理咨询行业的特殊性要求心理咨询师一定要在伦理范围内执业。由于中国的职业化进程并不规范，很多咨询师过于强调技术而忽视了伦理。总的来说，高校心理咨询从业者必须遵循的伦理规范包括责任、专业关系、保密原则、知情同意原则等。

第一，对来访者的责任：心理咨询师的工作目的是对来访者负责，使他们获得适当服务并由此获益。在咨访关系建立之前，应使来访者明确了解其权利和义务。

第二，与来访者的关系：心理咨询师应努力保持和来访者之间客观的治疗关系，为此应避免在治疗中出现双重关系。一旦越界，应采取适当措施终止这一治疗关系。

第三，保密原则：心理咨询师应尊重来访者的个人隐私权，有责任采取适当的措施为来访者保守秘密；心理咨询师只有在求助者同意的情况下才能对咨询过程进行录音、录像；在因专业需要进行案例讨论或采用案例进行教学、科研、写作等工作时，应隐去那些可能据以辨认出求助者的有关信息。

第四，知情同意原则：知情同意由3个基本要素组成，即告知、自愿以及能力。告知指在患者作出知情同意之前，心理咨询师有义务和责任告知来访者的情况、咨询的目的和性质、利弊以及其他治疗方法；自愿是指来访者作出知情同意的过程中，不受外界的利诱或胁迫，其决定是自愿自主的；能力是指来访者作为知情同意的法律主体，应当具有法律所要求的行为能力。

（4）心理咨询师的意识素养

在咨询过程中，咨询师能带进咨询关系中最有意义的资源，就是其本人。如果一个咨询师对自己的认识都有偏差，是无法为来访者提供积极有效服务的。因此，健康的自我意识是成长为一名有效能的心理咨询师的必要条件。

自我意识分为两个维度：自我检视和自我接纳。一名合格的咨询师对自我的价值有充分的肯定，自我评价客观，在面对来访者的问题时能对自己的情绪、态度、价值观有敏锐的觉察，清楚哪些反应是由自己的问题引起的。

（5）心理咨询师的人格素养

并非学习了心理学理论知识，掌握了心理咨询基本技能就能够从事心理咨询工作。咨询师的个人特质是心理咨询与治疗的主要变项之一。最为有效的心理咨询者是那些可以把人格因素和科学的理论、方法加以完美结合的人。拥有如下特征的咨询师能更有效地帮助来访者。

第一，心理相对健康：一个合格的心理咨询师应该是愉快的、热爱生活、有良好适应能力的人。那些情绪不稳定，经常处于心理冲突状态而不能自我平衡的人，是很难胜任心理咨询工作的。

第二，乐于助人：只有乐于助人的人才能在咨询关系中给来访者以温暖，才能创造一个安全自由的气氛。

第三，开放性：优秀的咨询师对世界具有好奇心、探索欲，不断充实自己的经验。能够理解与自己不同的多种价值观念具有合理性和必然性，能够尊重和接纳不同求助者的价值观念，不会随意地对来访者进行拒绝和否定。

第四，亲和力：合格的咨询师会拥有令人很自然地接近并感到安全和温暖的能力，与来访者接触时不以权威自居，也不以自我为中心，因此别人也对他们感到放心。

第五，弹性：咨询师能灵活弹性地对人对事，不拘泥于规范，不照本宣科；及时合理地转换自身角色；灵活地根据来访者的问题和需要来采取适当的理论和方法。

第六，责任感强：咨询师对当事人和咨询工作是认真负责的态度，能承担工作中的压力和出现的问题，为了来访者或自我的成长，敢于冒一定的风险，并承担可能的后果。

（二）心理咨询的会面收尾

1. 心理咨询会面的结束

在经历了一系列的咨询后，咨询逐渐进入结束阶段。

从心理咨询的过程来看，结束可以划分为：初次面谈的结束、每次面谈的结束及咨询关系的结束（结案）。

其中根据发起人的不同，咨询关系的结束可以划分为：咨询师和来访者共同提出结束、咨询师提出结束及来访者提出结束。

通常来说，初次面谈的结束，需要做以下事情：

- 一般情况下，在初次会谈时，应预留大约 10 分钟，做准备结束的工作。
- 对此次了解到的来访者的问题做简要总结。
- 对愿意继续咨询的来访者重述时间、地点、未来工作的方向。
- 对不愿意继续咨询的来访者予以尊重，并向其表达如果改变主意，欢迎再来。
- 给来访者机会，表达他的一些看法和感受。

[案例 2-3][①]

咨询师：今天我们大概还有 10 分钟的时间就结束了，通过今天的谈话，我对你的情况有了一些了解。现在，你想换一份工作，但是家人很反对，因为他们认为你现在这份工作前景很好，而你知道这并不是你内心所渴望的，你的兴趣在别的方面。所以现在你无法作出选择，内心很痛苦。来这儿跟我谈话，你希望能了解自己内心的声音，最终作出决定，是这样的吗？

来访者：嗯，对。

咨询师：嗯，通过咱们今天的谈话，你有些什么样的想法或感觉？

来访者：我觉得我把这些说出来，轻松了很多，但是我还是不知道该怎么做。

---

① 岳晓东.《三国人物心理分析与职场生存》[M]. 北京：机械工业出版社，2010.

咨询师：嗯，感觉轻松些，但还很希望得到一个答案……现在我想知道，你下周还愿意来跟我谈吗？还是你觉得今天你得到的对你来说就已经足够了？

来访者：我希望能和你再谈谈。理理我的思路。

咨询师：好的，那下周二同一时间，我们还在这里见，我来帮助你整理你的思路。

来访者：嗯，行。

咨询师：很感谢你信任我，跟我讲你的故事。我也很欣赏你在遇到困难时来寻求帮助。

来访者：呵呵。

咨询师：这次时间到了，我们下周见。

来访者：好，非常感谢你。

每次会谈结束时，咨询师可以在距离结束 5～10 分钟时，提醒来访者时间，并进入本次会面的结束阶段。最简单的结束方法就是对本次会谈进行总结，并对下次会谈作出安排。不同的理论方法，可能会有特殊的结束安排，比如在焦点解决短期疗法中，咨询会首先进行 40 分钟，之后休息 10 分钟，休息结束后进入正向回馈的阶段，大约也会进行 10 分钟。

2. 咨询结束的心理意义

咨询关系的结束无论对于咨询师还是来访者来说，都具有很重要的意义。

第一，在咨询终止时，来访者和咨询师都可能因终止而产生情绪反应。

● 有些来访者可能感到被咨询师抛弃了，这对已经与咨询师形成强烈依恋的来访者来说尤其如此。

● 如果是咨询师提出终止，尤其是由于外部原因（如搬家）结束了在某处的咨询，咨询师可能为此感到内疚。

● 当来访者过早终止时，咨询师可能感到失望，并感到自己无能。

通常，咨询师和来访者在结束咨询时都会体验到失落感。因此，咨询关系不应草草结束，而应认真对待。如果处理不好，会给来访者带来很多伤害，给咨询师带来许多负向情感及消极的自我评价。那么，如何结束咨询关系呢？最理想的状况是咨询师与来访者能够共同提出结束。这通常发生在成功达到咨询目标之后，这就需要咨询师和来访者在咨询开始时确立清晰的目标。

第二，咨询师明白何时开始结束治疗是很重要的，包括的线索有：

● 来访者不知道在咨询中再和咨询师说什么了。

● 咨询师和来访者在咨询时间内花许多时间进行闲谈或非治疗性谈话。

第三，如果是咨询师提出结束，应该如何处理呢？咨询师提出结束的原因可能有：

● 结束在机构中的实习。

● 离开或结束与机构的雇佣关系。

● 感到无法处理来访者的问题。

● 因个人问题影响到对来访者的咨询。

其中，“感到无法处理来访者的问题”非常重要，因为咨询师需要了解自己的能力限制，当感到来访者的问题超出了自己的能力范围时，进行转介是非常必要的。

第四，在咨询师提出结束的情况下，需要做如下事情：

● 提前告诉来访者，可以让咨询师和来访者有情绪上的准备。如果可能的话，最好提前 2～3 个月。这对于那些存在被遗弃问题的来访者来说尤其重要。

● 如果咨询需要继续，确保来访者得到合适的转介。如果转给本机构之外的咨询师，应该给来访者两个以上的转介机构供其选择。

● 如果转介给本机构的咨询师，最好可以和咨询师做一次协同咨询，最大限度地确保咨询的连续性。

● 给来访者机会，让他表达感受。

第五，有时来访者没有事先通知或者也不对结束治疗做任何解释，就不再来了。此时，咨询师经常会出现两种错误的反应：

● 为所发生的事迁怒于来访者或自己。如认为来访者“没有动力”“不积极”；或者认为自己能力不够，如“我肯定做错了什么”“我的能力太差了”。

● 认为这是很正常的，没有必要追究什么“阿 Q 精神”。

第六，来访者结束治疗可能的原因有：

● 问题已经解决了，不需要继续治疗了。

● 没有时间前来治疗。

● 经济问题。

● 对治疗不满意。

第七，从心理层面来说，来访者不再来面谈可能的原因还包括：

● 考验咨询师是否真正地关心自己。

● 试图从咨询师那里获得积极的情感体验。

● 惩罚咨询师或试图让咨询师伤心。

● 排除因咨询引起的焦虑。

● 向咨询师表达自己的不理解。

第八，咨询师要如何处理呢？咨询师需要对那些没有任何解释就结束治疗的来访者进追踪。例如：

- 对于因经济原因而终止的来访者，咨询师可以和他协商降低费用。
- 如果咨询师破坏了治疗关系，那么可以尝试重新建立关系或为来访者转介。

第九，在来访者失约的情况下，咨询师应主动设法与其取得联系，如果发现来访者想提前结束咨询，咨询师至少应对来访者进行一次附加咨询。此举的好处是：

- 帮助来访者解决由咨询经验本身所形成的消极体验。
- 为来访者继续接受咨询提供机会（如果来访者希望如此）。
- 如果来访者有愿望，可以尝试其他的干预方法或咨询师。
- 增加来访者在需要时再次寻求咨询服务的可能性。

第十，处理结束时咨询师需要做到：

- 帮助来访者意识到咨询的终止通常是一个过程，即在距离终止日期至少几周以前就要开始结束的过程。
- 也可以采用拉长时间的方法。由最初一周一次见面改为两周一次，再改为一个月一次、两个月一次。
- 请来访者谈论对结束的感受，以及请来访者回顾自己在咨询中的收获。咨询师一定要处理来访者对于咨询临近终止而产生的感受，咨询师对这些情感的讨论负有责任。咨询师在终止阶段也要对自己的感受保持开放，如果这些感受持续存在，要与督导或同事进行讨论。
- 咨询师可以表达他观察到的来访者的进步与改变。
- 咨询关系终止后，咨询师应安排好与来访者之间职业联系的性质和次数。
- 向来访者表明，当他再次遇到困难时可以回来。

第十一，无论怎样，咨询都会进入最后一次，来访者需要独自前行了。在最后一次咨询中，我们应该注意以下几点：

- 保持角色，不要让最后一次咨询成为放松咨询师专业风格的机会。保持一致性、可预见性和专业性。
- 在最后 3 分钟仔细倾听，就好像对待第一次咨询的开头 3 分钟一样。
- 可以与来访者为结束设立一个仪式。例如：和来访者共进一杯茶；种一株玫瑰，作为个人成长和发展会在咨询工作以外继续进行的一种象征。
- 咨询结束后，咨询师可以收集一下自己的想法，并进行反思。

3. 怎样正确处理来访者的依赖心理

来访者在咨询过程中对咨询师产生依赖心理，这完全是正常的移情表现。

来访者的心理依赖一般会有以下几种表现：

● 把咨询师当作替代父母：完全听从咨询师的意见，自己不再思考。

● 把咨询师当作精神偶像：一有困难就希望咨询师给自己拿主意，甚至帮助解决。

● 把咨询场所当作避难所：一有烦恼就想到咨询室来宣泄，不善于自己化解。

咨询师在发现来访者出现这种依赖心理时，不应觉得这是出于来访者对自己的绝对信任，是自己咨询成功的表现。心理咨询的终极目标是“助人自助”，是培养一个人的自立自强和自我完善。由此，咨询师要将来访者对自己形成的心理依赖转化为其自我成长的动力，应该努力做好以下几点：

● 帮助来访者学会自助：不断启发来访者独立思考，挖掘自己的潜力，学会自助。

● 帮助来访者学会自立：不断推动来访者学会行动，并不再指望他人来推动自己。

● 内化咨询师的价值：将对咨询师的崇拜转化为价值认同，培养自己具备同样的素质。

总之，咨询师应该让来访者明白：只有自己能够独立解决问题，才是自我的真正成长；只有自己能够化偶像为榜样，才会达到自我实现。在此期间，咨询师要善于发现来访者的闪光点，并加以聚焦和强化，以使来访者获得真正的自信和自强。

咨询师接待来访者，不能令人感觉像法官、医生、推销员，而应该像家人、好友、贴心人。在初次会面中，咨询师要尽量给来访者带来希望点，指明突破口。心理咨询给人提供心灵的港湾，因此咨询场所也要营造这样一种感觉。心理咨询师要练就摘要记忆的能力，面对来访者的陈述，能迅速回忆起以往咨询的情景。咨询师要善于发现来访者的闪光点，加以聚焦和强化，把来访者打造成英雄。

第二节　心理咨询中的沟通表达技术

一、心理咨询沟通表达的概述

（一）有效沟通表达的基本原理

1. 沟通表达

沟通，简单地说就是交流观点和看法，寻求共识，消除隔阂，谋求一致。根据《大英百科全书》的解释，沟通是用任何方法，彼此交换信息，即指一个人与另一个人之间用视觉、符号、电话、电报、收音机、电视或其他工具作为媒介所从事的交换信息的方法（图 2-5）。在人们的现实生活中，许许多多的不愉快、不顺畅、难堪、挫折、失败、不幸，均与缺乏沟通或沟通不成功有关系。

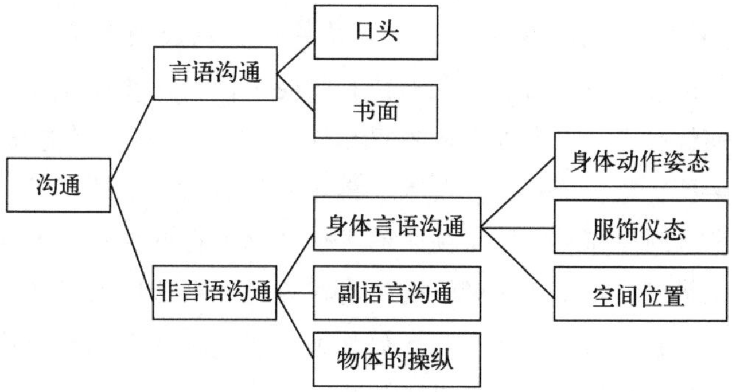

图 2-5　沟通的方式

心理咨询沟通力（therapeutic communicative competence），是指咨询师能够对来访者的主述进行归纳总结、深入探讨的能力。通俗说，即沟通力就是咨询者与来访者交流思想、表达意念、寻求共识的能力，其中“沟”是手段，“通”是目的。美国著名心理学家乔治·凯利把咨询师的言语表述能力看作是咨询师的基本素质来要求。由此，有效沟通以善解人意为基础，以寻求共识为目标，可以增进人际交往，化解人际冲突；而无效沟通以自我为基础，以强人所难为表现，最终会损害人际关系，激化人际矛盾（表 2-4）。

表 2-4　良性沟通和恶性沟通的对比

良性沟通会激发人性的光明面	恶性沟通会激发人性的阴暗面
沟通成功的喜悦	沟通失败的悲哀
畅所欲言	言所不欲
一吐为快	备受指责
用心聆听	怨恨不已
理解尊重	行为冲动

拓展阅读

诸葛瑾巧言劝孙权

诸葛瑾是三国时期吴国大臣，诸葛亮之兄，经鲁肃推荐，为东吴效力，他胸怀宽广、温厚诚信，得到孙权深深的信赖。

诸葛瑾不但同孙氏家族关系良好，也与淮泗人士、江东大族关系密切，因此诸葛瑾成了沟通君主、淮泗人士、江东大族三者关系的一条纽带，获得孙吴各种政治势力的交口称赞。

《三国志·吴书·诸葛瑾传》记载，有一次校尉殷模犯了错，孙权恼怒地要处死他，群臣中许多人劝谏，反而使孙权越加恼火。此时，诸葛瑾却在一边默不作声。孙权问道："你为什么不说话呢?"对此，诸葛瑾先请孙权避开众臣，到一边单独交谈。他说："我和殷模等人同样都是在老家当地遭到厄运，这才背井离乡来到江东的，幸蒙吴主的再生之福方得有今日。我本当和这些人一起互相督促策励以报答万一的，却没有很好地做到这一点。殷模辜负你的恩惠，自陷罪责，我想到这中间也有我的过失，实在不敢再说什么劝你的话了。"

孙权听了为之动情，赦免了殷模的死罪。诸葛瑾这种以退为进的沟通，既表明了自己的反对立场，又给足了孙权的面子，堪称善解人意的典范。

2. 沟通表达的渠道

我们在进行沟通的时候，经常用到哪些渠道？在运用这些渠道的过程中有什么需要注意的事项呢？

人与人面对面沟通时的三大要素是文字、声音及肢体语言。经过行为科学家 60 年来的研究，面对面沟通时，三大要素影响力的比率是文字占 7%，声音占 38%，肢体语言占 55%。一般人常强调谈话的内容，却忽略了声音和肢体语言的重要性。其实，沟通便是要达到一致性以及进入别人的频道，即你的声音和肢体语言要让对方感觉到你所讲和所想十分一致。否则，对方将无法接收到正确的讯息。因此，在沟通时应不断练习内容、声音、肢体动作的一致性（表 2-5）。

表 2-5 沟通渠道及注意要点

沟通渠道	注意要点
语言沟通	在进行语言沟通的时候，同样一句话，用不同的语气或者不同的表达方式，可以获得不同的效果。需要做到用心聆听、同感共情、表达准确
文字沟通	虽然文字所传达的信息较语言更加含蓄，但必须注意简洁和突出要点，使对方能够很快明白你所想表达的东西；少说废话，文字得体生动
肢体语言	在人们传达信息的时候，实际上语言表达只占表达方式的 35%，而其余的 65%则是通过肢体语言传达的。说同样一句话，如果加上手势和表情，会带来不同的效果

在沟通中，咨询师需要关注来访者肢体语言与内心活动的呼应（表 2-6）。

在沟通中，80%是倾听，20%是说话。而在说话中，提问题又占了80%，所以提问愈简单愈好。此外，沟通的目的并不在于证明别人的错处，而是与对方建立良好的关系。因此，不妨让沟通的对方不失立场，同时也可以让他以另一种角度来衡量事情，而由他自己决定什么是好什么是坏。因为很多事无所谓对错，只是适不适合你而已，沟通的道理亦同。

表2-6　肢体语言与内心活动对应表

部位	动作	表情	部位	动作	表情
眼部	眉毛上扬成高的弧线	惊讶	面部	由下半边脸（嘴和下颌区）和眼部周围表达	表达快乐、惊奇、厌恶
	眉毛上扬拧在一起	害怕		眼睛	表达悲伤、恐惧
	眉毛下垂拧在一起，左右眉毛间有明显的垂线，眼睛显得“冷眼瞪着”	愤怒		下半边脸和眉毛	表达愤怒
	眉毛内角拧在一起，上眼睑内角上抬	悲伤			
肩部	前倾	暗示渴望	脚和腿	舒适和放松	欢迎人际交流
	弯腰、抱肩、转动肩膀	不在意、悲伤、矛盾		拖着脚或用脚敲地	焦虑
	耸肩	不确定，迷惑，心情矛盾		反复交叉双腿	焦虑、沮丧、不耐烦
				规矩，脚僵硬	心情紧张、焦虑、拒绝深入的人际交流
手臂和手	双臂抱在胸前	回避人际交往	触摸	连续体中间部分触摸连续体	友情的、温暖的
	颤抖的手，紧握拳头	焦虑、愤怒			
	姿势僵硬	紧张		上部触摸	爱的 性唤起的
	放松和展开	对话题的投入和对某个观点的强调			
	手心出汗	焦虑和警觉			

（续）

部位	动作	表情	部位	动作	表情
嘴部	微笑	幸福、快乐		抬起头	人际交流的接受
		尴尬、不安			
	嘴唇紧闭	压力、挫折	头部	上下点头	确认或赞同
	张着嘴说不出话	惊奇、难以说话		抬得笔直	焦虑或愤怒
				垂在胸前	不赞同或悲伤
	嘴唇颤抖、僵硬	焦虑、悲伤		摇头并伴有腿的动作	表示愤怒

3. 沟通表达的副语言

在沟通表达中，还存在着副语言的交流。副语言泛指语言内容以外的因素，包括声音水平（音量）、音调（音频）、语速和话语流利性等变量。此外，停顿和沉默也属于副语言。副语言线索与如何传递信息有关，它们也代表了信息内容。

副语言在咨询会谈中具有几个方面的意义：第一，副语言在交谈互动中起重要作用，并直接影响咨询对话的开展及控制，咨询师要关注其起落变化；第二，副语言传递了当事人的情绪状态，咨询师要从中辨别当事人的情绪状态；第三，副语言传达了当事人的配合、阻抗水准，咨询师要从中觉察当事人自我开放与保护的意向。例如，来访者说话很慢，可能是他感觉很悲伤或是不想讨论这个敏感话题；来访者音量加大及语速加快是他喜悦或者愤怒的信号（表 2－7）。

表 2－7　副语言交流的关注点

观察的方面	观察现象
视觉/目光接触模式	目光接触次数，情绪兴奋时瞳孔放大
声音性质	说话的速度、声调和音量的变化
关注的肢体语言	姿势、姿势变换、倾斜、呼吸模式、空间的运用、面部表情、肤色等
动作的协调性	注意动作和被仿在哪里发生

总之，心理咨询场合下的交流是多元的，咨询师要培养自己言语交流、体语交流和副语言交流方面的功夫，以提高自己的整体沟通能力。表 2－8 概括了咨询师在沟通能力上的技能。

表 2-8　沟通表达能力培养一览表

	沟通类型	简单定义	适用技巧
言语层面	用心聆听	即全神贯注地听对方讲话，不随便打断或评论	关注技巧，不断总结技巧
	同感共情	即不断地情感对焦、思维并轨，以能够准确感受并回应对方的感受	判断抽离技巧、一致化技巧，增加鼓励技巧
	表法准确	即准确地表达个人的感受与思考，不说废话和不该说的话	具体化技巧
	开放提问	即多说“发生了什么”“怎么看”“怎么想”等话，少说“是不是”“对不对”等话	开放提问技巧
	形象比喻	即用概念相关的人物、事件、物体、成语或故事等来说明问题	
体语层面	表情亲切	即要以自然、亲和的表情面对来访者	对视，保持沉默
	目光和蔼	即要以理解、接纳、认可的眼光面对来访者	点头，微笑
	语气平缓	即要说话语速平和、语气镇定	
	姿态放松	即要坐姿放松，但不给人压迫感	
	手势优美	即要注意手势自然，不夸张	

（二）组织系统沟通的 5 种形式

在沟通学上，组织系统内的沟通可有 5 种形式：链式、Y 式、环式、轮式、全通道式（表 2-9）。在心理咨询中，个人咨询可谓是链式沟通，夫妻咨询可谓是轮式沟通，而团体咨询可谓是全通道式沟通。它们各有作用，相互补充。

表 2-9　组织系统沟通的 5 种形式

方式	具体描述
链式	是一个平行网络，其中居于两端的人只能与内侧的一个成员联系，居中的人则可分别与两人沟通信息。在这个组织系统中，它相当于一个纵向沟通网络，代表一个五级层次，逐渐传递，信息可自上而下或自下而上进行传递
环式	是一个链式的封闭结构，表示 5 个人之间依次联络和沟通。在这个网络中，组织的集中化程度和咨询师的预测程度都较低；畅通渠道不多，咨询关系中的成员具有比较一致的满意度
Y 式	是一个纵向沟通网络，其中咨询师位于沟通内的中心，成为沟通的媒介。此网络适用于咨询师的工作任务十分繁重，需要有人选择信息，提供决策依据，节省时间，而又要对组织实行有效的控制

（续）

方式	具体描述
轮式	是一个控制型网络，其中只有一个成员是各种信息的汇集点与传递中心。在组织中，大体相当于一个主管领导直接管理几个部门的权威控制系统。此网络集中化程度高，解决问题的速度快
全通道式	是一个开放式的网络系统，其中每个成员之间都有一定的联系，彼此了解。此网络中组织的集中化程度及主管人的预测程度均很低。由于沟通渠道很多，组织成员的平均满意程度高且差异小，所以士气高昂，合作气氛浓厚

依据组织明文规定的原则进行的信息传递与交流。例如组织与组织之间的公函来往、组织内部的文件传达、召开会议、上下级之间的定期情报交换（图 2－6）。

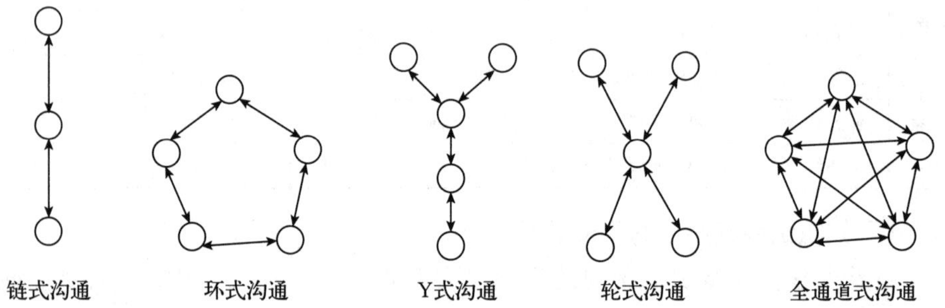

图 2－6　5 种沟通渠道

［案例 2－4］[①]

其实我们彼此早就憋了一口气

以下是一段一名咨询师给一位名叫查理的哈佛大学学生做咨询的对话记录，他因为女友海伦提出分手而来找咨询师咨询（表 2－10）。在此之前，他曾与另一位名叫凯蒂的女生有过一夜风流。

表 2－10　咨询对话记录表

对　话	语境分析
咨询师：你觉得海伦是不是一直在等待这样一个时机来与你分手呢？	面质提问
查理：（怔了半晌）我说不清，不过现在看来，海伦确实对我早有不满了。	肢体语言表现出回避

① 岳晓东．《心理面面观》［M］．上海：上海人民出版社，2007．

（续）

对　话	语境分析
咨询师：那你能指出海伦到底不满意你的什么地方吗?	具体化提问
查理：(沉吟了一下）大概是不够尊重她的意愿吧。	肢体语言表现出焦虑
咨询师：能否说得具体一些?	同感提问
查理：我总是要求她顺从我的要求，比如我每次回到家乡，都要求她全程陪我。她有时表现得很不耐烦，嫌我不顾及她的感受。	
咨询师：如果你是海伦，你会怎么想?	面质提问
查理：我也会提出分手的。接着叹了一口气。	副语言表现出醒悟
咨询师：那么现在，你又怎样看海伦背叛你的事实呢?	面质提问
查理没有直接回答咨询师的提问。接着，咨询师又与查理谈论他与凯蒂的交往及那一夜风流。开始时，查理对此甚表不满，问咨询师为什么揪住他的过错不放，为什么不去谈论海伦的问题，为什么不直接回答他一再提出的要不要与海伦分手的问题。	
咨询师：我希望这些讨论能帮助你增强对自我的认识，以便更好地应付当前的危机。如果我完全按照你的要求和思路去探讨问题，就很难发现你与海伦的感情危机的真实原因了。	阶段总结
查理：我虽然也喜欢凯蒂的美貌，但我觉得她在智力上根本无法与海伦相比，所以从未把她放在心上。	自我反省
咨询师：你与凯蒂接触，是否也有喜欢她的地方?	解析提问
查理：凯蒂长得有些像海伦，看见她就会想起海伦，就想跟她上床。	移情表现
咨询师：你想跟凯蒂上床，难道就感觉不到海伦的存在吗?	解析提问
查理：当然会感觉到海伦的存在。	
咨询师：那你为什么会作出背叛她的事情，你有没有想过，海伦一旦发现会怎么反应?	面质提问
查理：我当时只想放纵一下自己，而且海伦不会发现的。	自圆其说
咨询师：你想放纵自己，是不是说明你在某些方面已厌倦了海伦，而在凯蒂身上获得了满足?	面质提问
查理：我的确喜欢凯蒂的温顺，这是在与海伦的接触中很少感受到的。	
咨询师：这样看来，你与凯蒂上床，其实并非偶然?	解析提问
查理：但我仍然觉得这是不该发生的，(沉默了片刻后）因为我内心深处还是爱海伦的。但我承认前几次与海伦见面时，她对我不再像以前那么热情了，连在一起也不如以前那么投入了。所以，我心中不知怎的有一种报复心理，也许正是这种念头促使我与凯蒂有了那一夜的风流。	
咨询师：那么，你与海伦之间的相互背叛也并非偶然?	解析提问
查理：(先点点头，又摇摇头，叹口气）真没想到，其实我们彼此早就憋了一口气呵!	副语言表现认可

点评：这段对话充分体现了洞察力在心理咨询中的妙用。首先，咨询师在对话中不断启发查理探究其与海伦的关系的隐患及其与凯蒂上床的潜在动机。刚开始时，查理还表现出相当强的抵触情绪，指责咨询师没有理解他的内心烦恼。但当咨询师与他探讨海伦与凯蒂的气质差异及其象征意义时，查理渐渐觉察到，他与凯蒂的风流一夜看似偶然，其实有很大的必然。因为凯蒂满足了海伦长久以来不能满足他对温柔顺从的需求。由此，查理进一步觉察到，他与海伦之间其实早就憋了一口气，提出分手只是时间的问题。

二、心理咨询沟通表达的常见障碍

1. 沟通表达的常见障碍

沟通中的障碍是多种多样的，有言语的，也有体语的；有文化的，也有人格的。表 2－11 展示了沟通中的一些障碍表现。一个训练有素的心理咨询师要善于发现这些障碍，并加以巧妙地化解。

表 2－11　沟通的常见障碍

沟通障碍	具体表现
形体障碍	由于错误的肢体语言，传达出来的信息会使沟通产生障碍
心理障碍	内向型心理，不善于表达自己，在沟通的过程中就会产生一定的障碍
语言障碍	不同地区有不同的方言和地方用语
文化障碍	不同国家和地区的文化差异和处事习俗，例如东西方文化差异
环境障碍	房间布置凌乱，无法令对方产生想说话的欲望
地位障碍	有权威人士在场，会因为受制于权威威的束缚，而产生沟通不畅
人数障碍	本来面对面的沟通，却必须同时面对好几个对象进行交流

2. 沟通表达的简约性

在沟通中，咨询师要注意提问越简明越好，并以自在的态度和缓和的语调为之，那么一般人都能接受。由此，在沟通中，要注意不可轻易打断对方说话，并以“嗯”或点头的方法来促使对方继续说话，等到他停止发言时，再发表自己的意见。

当表达不同意见时，如果并不赞同对方的想法，但还是要仔细倾听他话中的真正意思，可以用“很赞……同时……”的模式。

例如，当想要表达不同的意见，不应该说：“你这样说是没错，但我认为……”而应该采取一种委婉的方式：“我很感激你的意见，我觉得这样非常好；同时，我有另一种看法，来互相研究一下，到底什么方法对彼此都好……”重点是：

顶尖沟通者都有方法能“进入别人的频道”，让别人喜欢自己，从而博得信任，表达的意见也易被对方采纳。

罗杰斯曾说：“倾听是一个人可以给另一个人最珍贵的礼物。”

3. 相关知识拓展

拓展阅读

赵姨娘说话不走脑子讨人嫌①

《红楼梦》中赵姨娘是贾政之妾，做梦都想掌握贾府的实权，想尽办法打击手握继承权的宝玉。《红楼梦》第二十回，贾环将宝玉烫伤了，王夫人急得把赵姨娘数落一顿，赵姨娘吞声承受，还得去替宝玉收拾。但她素怀嫉妒之心，最不忿凤姐、宝玉两个，现在受了这恶气，心里“不服这个主儿”，联合马道婆密谋算计宝玉和凤姐。宝玉忽然病重，至第四日早，忽睁开眼向贾母说道：“从今以后，我可不在你家了，快打发我走吧!”贾母听了如同摘了心肝一般。赵姨娘却在旁煽风点火劝道：“老太太也不必过于悲痛。哥儿已是不中用了，不如把哥儿的衣服穿好，让他早些回去，也省他受些苦。只管舍不得他，这口气不断，他在那里，也受罪不安。”这些话没说完，被贾母照脸啐了一口唾沫，骂道：“烂了舌头的混账老婆子！怎么见得不中用了？你愿意他死了，有什么好处？你别做梦！他死了，我只和你们……”贾母一面哭，一面骂。赵姨娘难道不知道，宝玉可是贾母的心肝宝贝，贾母正是最伤心时，赵姨娘说这番风凉话，肯定是自讨没趣。

总之，赵姨娘不认二奶命，拼命加以改变，却不善沟通，导致自己连做蠢事，到头来都是搬起石头砸自己的脚，搞得自己里外不是人。

三、心理咨询沟通表达的言语交流技巧

（一）言语交流技巧

心理咨询场合下有效沟通表达的言语技巧，主要包括贯注技巧、聆听技巧、沉默技巧、宣泄技巧等（图 2－7）。

1. 贯注技巧

贯注技巧（attending skill），旨在全神贯注地聆听来访者讲话，认真观察

---

① 岳晓东．《红楼梦人物心理分析与情感世界》［M］．北京：机械工业出版社，2012.

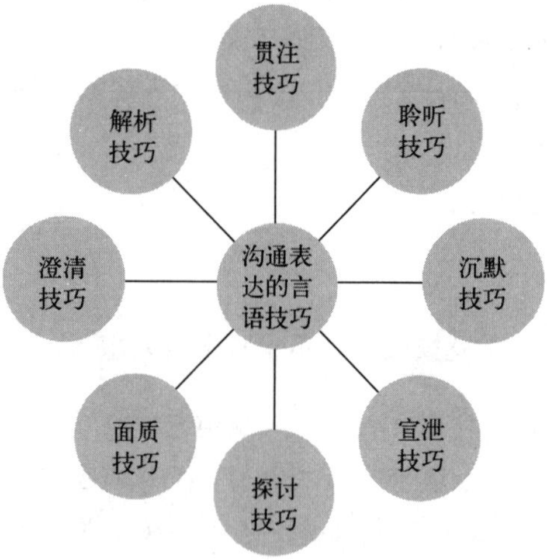

图 2-7　沟通表达的常用言语技巧

其细微的情绪与体态的变化，并作出积极的响应。贯注还要求咨询者运用言语与身体语言来表达对来访者的关注与理解，以使来访者感到自己讲的每一句话、表露的每一种情感都受到了咨询者的充分重视。其中言语的表示通常包括“嗯”“噢”“是的”“我明白了”等。而身体语言的表示则通常包括点头、注视、面部表情变化及一定的沉默等，以加深来访者对咨询者的信任。在这层意义上讲，贯注就是使来访者打开“话匣子”。

2. 聆听技巧

聆听技巧（listening skill），旨在认真听来访者讲话，克制自己插嘴的欲念，不以个人的价值观念来评断来访者的主述（除非涉及法律等问题）。聆听意味着学会沉默，学会贯注，学会设身处地地去体验来访者的内心感受并作出富于同感的反应。聆听不是要心理咨询师放弃个人的信念与价值观，而是要学会兼容并蓄，学会从他人的角度思考问题，学会在不放弃个人的信念与价值观的条件下，接受他人的信念与价值观，作出由衷的同感反应。

由此，聆听不是被动的、消极的，而是主动的、积极的活动。

3. 沉默技巧

沉默技巧（silencing skill），旨在给来访者一个情感独处或认知反省的机会。它一般具有两个功能：一个是暗示功能；一个是同感功能。前者通常表现为对来访者的讲话及其停顿不作言语响应，以暗示对方继续讲话；后者则通常在来访者讲述精神创伤事件或做深入的自我表露时，以沉默来确保其自我宣泄与反省的时间与空间，并表现咨询者对来访者此时此刻心情的由衷理解。沉默的运用通常也需要体语的辅助，如点头、注视表情变化等。沉默还可分为思考性的沉默与对抗性的沉默。其中，前者是来访者自我反省的表现，是对辅导的积极反应；后者则是来访者对心理咨询缺乏信任的表现，是对辅导的消极反应。对此，咨询者要善加区别，灵活应对。

总之，沉默的意义在于交流同感与尊重。适时的沉默可令人感到对方善解人意，而适时的沉默则可令人感到对方冷漠无情。

4. 宣泄技巧

宣泄技巧（catharsis skill），旨在帮助来访者将积蓄已久的情绪烦恼倾吐出来。它是一种发泄痛苦的手段，可给来访者带来极大的精神解脱，令人感到由衷的舒畅，要求咨询者运用贯注、倾听、沉默等技巧来促进来访者的情绪宣泄。它不仅可以使来访者倾吐内心的精神压抑与困惑，也可使咨询者深入了解来访者面临困难与挫折的滋生条件与过程。由此，宣泄是心理咨询的必经阶段，没有宣泄的产生就不可能有深入的自我表露。宣泄的意义还在于强化来访者自我表露的意愿，增进咨询者与来访者之间的沟通。

5. 探讨技巧

探讨技巧（exploring skill），旨在帮助来访者积极思考其面临挫折与困惑的根源。它要求咨询者在谈话中多提问题，少加评论；多做启发，少做说教；多鼓励对方讲话，少讲个人意见；多提开放式问题，少提封闭式问题。由此，探讨是一个以讨论为基础，以启发为目标的积极的思想过程。它旨在帮助来访者从不同角度思考其生活中遇到的困难与挫折及其解决方法，启发来访者自己去做归纳总结，以强化他的独立思考能力。探讨时不去说教来访者，但这并不意味着在探讨中采取被动、消极的姿态，完全认同来访者所讲的每一句话。咨询者要学会以提问来表达自己的不同意见，以讨论来加深来访者对特定行为潜在动机的认识，终而使来访者开拓视野，增强自信。

6. 面质技巧

面质技巧（confronting skill），旨在对来访者的特定思维方式提出异议，以推动来访者重新审视其面临的生活挫折与心理困惑，克服其认知中的片面性与主观性。面质的意义不在于否定对方、贬低对方、教训对方，而在于开启对方、激励对方，使对方学会辩证地看待当前所面临的问题。面质要以尊重为前提，以同感为基础。这样才会给人以态度诚恳、言之由衷的感觉，而不是态度生硬、强词夺理的感觉。换言之，面质是以接纳、尊重、同感、真诚和温暖等为先决条件的。面质力求“问而不审，质而不压”，以推动来访者的自我审视与自我接纳。面质还力求使来访者超越咨询者的提问，自发地认识到其认知与思维方法中的偏差，产生恍然大悟的感觉。

7. 澄清技巧

澄清技巧（clarifying skill），旨在帮助来访者明确其特定情感、思维、行为的内在因素和外在因素。以排除来访者行为动机中的盲目性和模糊性，增强对自我的了解。通过对具体事件的前因后果的探讨与分析，使来访者重新看待这些事件对自我人格成长的积极或消极影响，并增强自信。在这层意义上，澄清可谓是提高来访者自强自信的重要手段。

8. 解析技巧

解析技巧（interpreting skill），旨在帮助来访者了解其潜意识中妨碍自我认识与人格发展的种种不利因素，并加以重新认识。具体地说，解析能使来访者深入了解其情感、思维和行为方式中的种种心理定式或未完成情结表现，以不断提高对自我的领悟。解析还可使来访者整合其不健全的人格状态，通过认知领悟的不断提高来强化自我向善的愿望，终而更好地悦纳自我，完善自我。

解析运用探讨、面质、澄清等技巧，推动来访者层层深化对自我情感、认知、行为动机的认识，实现自我领悟上的不断飞跃。

（二）“启发式心理咨询”的模式

在心理咨询的教学与实践中，有学者曾提出了“启发式心理咨询”的模式，它将孔子的启发教育思想与罗杰斯的人本主义咨询理念结合在一起，尝试将心理咨询本土化。

《论语·述而篇》中体现了孔子的启发教育思想：“不愤不启，不排不发，举一隅不以三隅反，则不复也。”旨在培养学生的独立思考与自行解决问题的能力。这与人本主义心理咨询强调个人的尊严、价值、自主性在本质上是一致的。由此，无论是启发式教学，还是“来访者中心”疗法，其本质都是鼓励当事人去通过自觉思考来获取个人成长的动力。由此，“启发式心理咨询”的模式试图将西方之尊重个人的思想与儒家之调动个人的意愿在人本主义的大旗下加以统一协调，达到心理咨询本土化的效果。启发式心理咨询有 3 点原则。

第一，鼓励来访者独立思考，又摒弃了对咨询师作用过分的被动要求，这更符合中国重“群我”意识的倾向。

第二，肯定了咨询师对来访者自我反省与领悟所起的积极引导作用，这在客观上更符合中国人的集体主义倾向。

第三，将心理辅导过程看作是一个“开而弗达”的过程，力图使来访者通过心理辅导学会举一反三、触类旁通，这种启发教育的思想在中国社会根深蒂固，因而也易于为中国人所接受。

启发式心理咨询主张咨询师应本着“循循善诱”的精神来引导来访者从不同角度去思考其当前面临的心理困惑，而咨询师发表个人见解，不是为了给来访者开方下药，而是为其开阔思路，以使其能够更好地独立思考。咨询师对来访者的自我探索与决策只起辅导作用，而不起主导作用。

由此，启发式心理咨询的操作技巧包括以下几个方面：

● 开放提问技巧：多探讨，少指导；多提开放式问题，少提封闭式问题。

● 积极肯定技巧：多赏识，少评判；多鼓励，努力发现对方的闪光点、人格优势。

● 自我充权技巧：学会自助，学会自我决策与思考，强化自我的力量。

● 共同决策技巧：把建议当作思考题提出，与来访者共同探索与发现。

总之，启发式心理咨询模式旨在在来访者身上找力量，把对方打造成“英雄”。

［案例 2－5］

案例 2－5 见表 2－12。

表 2－12　我不想当医生①

咨询对话	情境分析
咨询师：你今天来见我想谈什么？ 来访者：我觉得有些困惑，我不知道自己该怎么办，或去哪儿寻找帮助。我从来不和别人谈我的问题，但我觉得心理咨询师看事情可能会比较客观，况且你也不认识我。	贯注技巧
咨询师：你看上去有点儿紧张，来这儿你感觉如何？ 来访者：是的，我现在有点儿紧张。就像我说的，我以前从来都没见过咨询师。所以我不知道会发生什么，或是该有什么期待。	
咨询师：那你对来见我有什么期待呢？ 来访者：也许只是想有个人听我倾诉，给我一些意见如何去处理我的困惑。 咨询师：那你的问题是什么呢？ 来访者：是关于我未来发展的问题。	澄清技巧
咨询师：你能说得具体一些吗？关于你的什么未来发展。 来访者：我也不知道我现在的所作所为对我未来的发展来说是否合适。 咨询师：你在读什么科目？ 来访者：生物学。 咨询师：那你的学业成绩怎么样？ 来访者：还可以，但是我担心我进不了医学院。	操作技巧

① 岳晓东.《性格铸造历史：30位古今中外名人之心理分析》［M］. 北京：中国轻工业出版社，2009.

（续）

咨询对话	情境分析
咨询师：对你来说，进医学院很重要。 来访者：很重要，真的很重要，因为我父母希望我做医生，他们想让我进入医学院。 咨询师：那你自己想做医生吗？ 来访者：这正是我今天来找你的原因。 咨询师：也就是说，你自己也不是很确定。 来访者：但这对我父母来说很重要。 咨询师：那你可不可以告诉我你父母对你有什么期望？ 来访者：嗯，也许我先告诉你些我的家庭情况，会让你对整件事有更多的了解。 咨询师：好的。 来访者：我父亲在一家律师事务所做律师，我母亲是个家庭主妇。为了供我上学，我父亲很努力地工作。	解析技巧
咨询师：听起来，你父亲很有责任心。 来访者：可是我姐姐大学没毕业就退学了，这让我的父母非常失望。我叔叔是个医生，我爸爸总是说他挣的钱更多。 咨询师：所以你家人认为医生是一个好职业。 来访者：是的，我父母觉得做了医生才是真正的成功。	解析技巧
咨询师：噢，我明白了，你是按照他们的价值观来看待人生。 来访者：对，他们一直都期待我做医生，但这不是我要的人生。 咨询师：那你要什么样的人生？ 来访者：我自己也不是很清楚了。	解析技巧
咨询师：你对当医生有什么忧虑？ 来访者：虽然让我父母开心很重要，但我不喜欢医学，而又不能明确告诉他们。	
咨询师：所以你担心父母不高兴，为此觉得内疚？ 来访者：老师，你说我该怎样做呢？	澄清技巧
咨询师：我能理解你内心的呼唤，就是学自己想学的专业，可你又不想让父母失望，所以感觉很纠结。 来访者：是啊，我感觉自己好自私，只考虑我自己的感受，不考虑父母的感受。不管怎样，我不能让父母再次失望了。 咨询师：那你决定学医了，那会怎么样？ 来访者：我父母会很高兴的，他们会觉得我很成功。 咨询师：那你自己怎样感觉呢？ 来访者：我真是不太肯定我自己的感受，也许做医生是一个不错的行业吧？ 咨询师：那你自己想学什么专业呢？ 来访者：我很喜欢新闻专业，我想将来报考新闻专业的研究生，做一个科普作家。 咨询师：我终于知道你想要什么啦，你有没有与父母交流过你的想法？ 来访者：没有，而且我也不敢。 咨询师：能告诉我为什么吗？ 来访者：那会让我父母很失望的，他们会像骂我姐姐一样骂我一辈子的，我受不了他们的唠叨。我姐姐就是受不了才搬到外边去住的。 咨询师：那这样下去会是什么结果呢？ 来访者：我必须学医了。	解析技巧

（续）

咨询对话	情境分析
咨询师：那你愿意吗？ 来访者：我还是不愿意。 咨询师：那你该怎么办呢？ 来访者：我就是不知道怎么办才来问你的，要是知道了，我就不来问你了。 咨询师：听起来你对我有一些不满？ 来访者：老实说，的确如此，我感觉你在与我兜圈子。	面质技巧
咨询师：如果我支持你父母的意见，鼓励你上医学院，你感觉怎样？ 来访者：我，我会觉得你也在强迫我。 咨询师：如果我反对你父母的意见，鼓励你学新闻学，你感觉怎样？ 来访者：那我会觉得我对不起我父母。 咨询师：支持也不是。反对也不是，我发现了你人格上的一个突出的特点。 来访者：什么特点？	面质技巧
咨询师：就是患得患失，以回避来缓解压力，结果使压力越积越大，积重难返。所以我感觉你缺乏的不仅是勇气，还有自立。 来访者：很多人都这么说过我，可我就是改不了。 咨询师：那你想改吗？ 来访者：想改。	解析技巧
咨询师：好，想改变就好，我感觉你已经压抑了很久。 来访者：是啊，可我怎么改呢？ 咨询师：那你感觉你与父母沟通不畅，最大的阻碍在哪里？ 来访者：他们根本不听我讲话，而且总是告诉我他们的想法是正确的，我也吵不过他们，只有听着了。 咨询师：那你回想一下，以前你有没有过坚持己见成功，让他们听你的时候？ 来访者：嗯，有过，记得我上高中时，我父母非要我上快班，我说那样会把我逼疯的，后来他们就不再强迫我了。后来的事实也证明，上中班对我的发展更有利。 咨询师：那回首这段经历，你有什么经验可总结？ 来访者：就是我要是真正地坚持自己的想法，父母未必会那么固执。	宣泄技巧
咨询师：是啊，我感觉你在与父母沟通时，有强烈的习得无助感倾向，就是面对父母的强势，你很容易选择放弃或是回避，这到头来不仅强化了你父母“坚持就是胜利”的信念，也使得你变得越来越被动、消极，为的是“多一事不如少一事”。 来访者：所以他们变得越来越强势，而我却变得越来越弱势。 咨询师：你总结得太好了！事实上就是这么一回事，你的无助使得他们更加“有助”。 来访者：可我觉得父母说的话也有道理啊，毕竟做医生比做记者收入高了许多啊，而且看着他们伤心，我又于心不忍的。 咨询师：所以呢？ 来访者：所以我应该听父母的话去学医学。 咨询师：那你刚才不是说你不喜欢学医吗？ 来访者：是啊，我是不喜欢学医，可我不学医会让我愧对父母的，我真是说不清自己到底要什么了。	解析技巧

（续）

咨询对话	情境分析
咨询师：所以要让父母高兴，你就不高兴了；而让自己高兴，父母势必会不高兴。 来访者：对呀，老师，你说我该怎样做呢？ 咨询师：这么听来，我感觉你还要面对自我成长与完善的挑战。 来访者：什么挑战？ 咨询师：就是走出患得患失，明确自我决策的挑战。 来访者：你是说……	解析技巧
咨询师：我是说，听你一路讲过来，我感觉你在是否学医的事情上追求完美，什么都放不下，结果让自己很挣扎。具体地说，学医是取悦父母，学新闻是随心所欲，两者不能统一，所以让你很挣扎。 来访者：老师，你说我到底该怎样做呢？ 咨询师：你想让我说什么呢，是支持你还是支持你父母？ 来访者：那如果你是我，你会怎样做呢？	面质技巧、澄清技巧
岳咨询师：如果我是你，我会加强我的沟通技巧，增强我的决策能力，当断则断，该出手就出手。你说呢？你说我这样想有道理吗？ 来访者：老师，我真想变成你说的那个样子，可是我真的做不到。 咨询师：那你希望我怎样帮助你呢？ 来访者：帮我看清自己，为我增加勇气。 咨询师：那我们刚才的交流使你看清了自己的什么？ 来访者：我，我看清自己是一个追求完美、患得患失的人。 咨询师：那你想改变自己吗？ 来访者：我想，我想让自己变得更加果断点儿，并能更好地与父母沟通。 咨询师：那好，我想和你模拟你与父母的对话，帮助你提高表达自己想法的策略和方法，好吗？ 来访者：好的！	面质技巧、澄清技巧

四、心理咨询沟通表达的体语交流技巧

心理咨询场合下有效沟通表达的体语非常重要，这就是需要一定的沟通表达技巧。

1. 目光交流技巧

目光交流技巧（keeping eye contact）使得心理咨询师与来访者自如地交流。当来访者正在谈论令他感到舒服的话题时，可以预料他们会暂停目光的接触，伸展自己的身体，改变自己的声音性质；当来访者想要结束一个话题时，他们可能会把自己的胳膊或者大腿交叉：在来访者迷惑的时候，他们会有快速的目光交流；当来访者讲述困难话题时，会表现出口吃或者说话犹豫。总之，来访者根据交谈时候心情的流露而在不自觉状态下表露出的种种

非言语行为，都有助于咨询师深入了解来访者言语背后的真实心境和真实思想状态。

2. 面露微笑技巧

面露微笑技巧（keeping a smiling face）对建立咨询关系十分重要。来访者会随着谈话的深入、自我的开放，希望从咨询师的言谈中获得认可与支持。由此，咨询师要在咨询过程中，细致地体察来访者的这种需求，通过面露微笑来满足来访者的赞可需求。在这当中，咨询师的微笑越真切，来访者的内心就越踏实。

3. 体语强化技巧

体语强化技巧（keeping proper gestures）可强化咨询的效果。例如，当咨询师认可来访者的某一观念或想法时，可以用鼓掌的方式来表现；而当咨询师不认可来访者的某一观念或想法时，也可以摊手来表示。还如，当咨询师不赞成来访者的言论但又无法用语言作出适当回应时，他会不自觉地增大座位之间的距离，而当他表示赞成时，他也会缩短彼此的距离。这些非语言的交流，都会在潜移默化中强化沟通的效果。

4. 微小鼓励技巧

微小鼓励技巧（using mini－encourages）是咨询师运用微小的言语或者非言语的方式来肯定、鼓励对方，如微笑、点头、张开手、睁大眼睛，运用像“嗯、噢、哇”等肯定性语气词，这些都可传达赞赏、肯定的信息。此外，咨询师重复来访者说话中的关键词，也可以表达深切的同感与认可。重述可以用询问的语调提出，其作用类似于单个词的鼓励。

总之，作为一名合格的咨询师，应该要观察自己与来访者的姿态和非言语行为协调的程度，找出自己的动作和来访者的动作之间的相关联系。经验告诉我们，将来访者的肢体语言、呼吸频率、关键言辞等信息匹配起来，可以增加对来访者如何看待世界和体验世界的理解。

总之，心理咨询师要具备熟练的助人技巧。其中包括怎样能在最短时间内了解来访者的有关情况，如使他困惑的处境或事件，症状出现的时间及其发展变化等，怎样适时地、机敏地提出问题，怎样发现来访者不自觉地掩饰和阻抗，怎样引导他们逐步认识内心深处的症结，怎样设计一些相应的方法来矫正某些不良行为（尤其对神经症病人），怎样适时地向来访者进行某些解释、解释什么，等等。

心理咨询的理论知识和技巧是可以学到的。除了从书本上学习以外，更重要的是在实际工作中不断地向来访者学习，不断地总结经验。

[案例 2-6]

案例 2-6 见表 2-13。

表 2-13　我不知道为什么感到孤独①

咨询电话	情境分析
来访者：我大学二年级的时候有一段时间这种感觉特别强烈。每天自习的时候就在那想：我为什么要上这所学校？为什么要这样子？我觉得简直忍受不下去了。	
咨询师：对，就是你对来南京大学读书这件曾经让你非常感动、自豪的事情已经感到淡而无味了？对这件事情本身的意义开始产生怀疑？ 来访者：是的。 咨询师：那这种情形有多久呢？	探讨技巧
来访者：可能从一年级的下学期开始到二年级的上学期。有整整一年那么久。 咨询师：哦，这么长时间？那在此期间你有没有找亲朋好友或者什么人去谈谈你这种情绪体验呢？ 来访者：我有一个老乡。那时候我们很好，她经常跟我在一起复习功课，我跟她谈得比较多，但是和家里打电话就比较少。因为如果我打电话回去的话他们顶多就是劝劝我，说你要学会怎么做人啊，或是忍让什么的，但是我觉得自己忍让的已经够多了。	探讨技巧 开放式提问 具体化技巧
咨询师：对，我可以理解，你和他们沟通的时候他们不能够一步到位，不能够真正理解你内心这种复杂的情绪体验。他们往往通过生活的智慧或人生的经历给你提一些建议，所以你感觉不能使你真正达到一种很舒心的、很实实在在的一种解脱体验。 来访者：我总觉得他们是在讲大道理，但是非常空洞，一点儿帮助都没有。	同感回应
咨询师：就是不能有具体的，特别是切合你的感觉的交流。你刚才讲有个老乡，那么你跟她交流起来有多少这样的体验呢？ 来访者：和她在这里的境遇比较，我觉得我不是很孤立的那种。并不是我一个人才有这样的想法，她也有这样的想法。	探讨技巧
咨询师：对。那你感觉到怎么样呢？ 来访者：感觉有一点儿解脱。	同感回应
咨询师：对，因为大家都面临同样的问题，不止你一个人有问题。那么回过头再说，你今天找我咨询，提出的核心问题是人际关系的问题。我也很欣赏你这一点，就是你认识到你现在的问题，并且担心这个问题日后会对你的工作、生活、包括家庭造成影响和阻碍，所以你希望能够把这个问题谈出来，能够使你加以缓解。对于你现在人际关系上的这种体现，因为我已经了解到你以前的经历，以及你上大学的经历，使得你一步一步过渡到今天这样一种感觉，一种强烈的感觉，那么我想问你到今天为止来找我咨询，你自己是否也曾试图改变自己，使自己跟同学或至少跟部分同学更加融合一些呢？ 来访者：可能我现在对交友总是有一种抗拒的感觉，好像很害怕他们了解我的过去。但是以前在中学里面就没有这种情况，可能就是因为以前中学的时候刚好是我父母去世的时候，同学们都知道，所以我在和中学同学交往的时候就不存在这种顾虑。	宣泄技巧 鼓励技巧

① 岳晓东．《性格铸造历史：30位古今中外名人之心理分析》[M]．北京：中国轻工业出版社，2009.

（续）

咨询电话	情境分析
咨询师：对。那我可以想象，你和同学交往的时候就不大愿意谈自己家里的事情。 来访者：但是现在宿舍里面大家都在谈这类事情，我就觉得自己好像是一个很虚荣的人，我每次也谈。 咨询师：那你怎么谈呢？ 来访者：我总是说我的姨妈和姨父。	贯注技巧
咨询师：对，所以你感到一种不自然的感觉。 来访者：我总觉得自己在欺骗别人。	同感回应
咨询师：对，我可以体会到你的心情。因为她们在讲自己家里的事情，你父母过世了，所以谈起来你有对你非常关照的姨父、姨妈。但实际上，从你真实体验来讲呢，这不能跟父母对你的关爱属于一个层次的。这种比较假的感觉使你与同学交往起来有种本能的抵触，因为你讲这事情，讲完之后并不感到舒心，并不感到舒服。 来访者：因为有很多机会我可以带我大学同学回家玩，但是每次我总是找托词，我想他们对我也有种抗拒，觉得我这个人是很虚伪的那种人。	澄清技巧
咨询师：对，或者跟他们不和谐。那他们有没有邀请你去他们家里呢？ 来访者：也有。我能够去的话还是去过的，但有些是比较远，没有机会去玩，所以就没有去。	面质技巧
咨询师：那你看，我们在谈到这样一个事情，你自己能感觉这种虚伪的体验，因为别人在谈他们家里的时候你不愿让别人对你产生一种不必要的同情。所以说你谈了自己的姨父姨妈。可是谈完之后这并不能给你带来一种真正的好的体验。所以说这在一定程度上又增加了这种虚伪的感觉。我不知道你以前有没有过很明确、很有意识地注意到这样一种体验、这种感觉呢？ 来访者：以前的时候没有，说过就算了。但是，现在有越来越多的机会可以和同学深交，但是我却一次又一次地抗拒他们。我有时候觉得自己简直是无可救药了。	澄清技巧
咨询师：对，所以这种具体的事就让你形成了交往当中的一种障碍。因为就像你说的，它有一条线，你到了这条线就很难突破它。你等于是把自己箍在这条线以内，等于是把自己包在线以内。同时你又愿意和人交往，可是你又突破不了，所以这种矛盾心态一直在烦扰着你，在一定程度上可能也在折磨着你。 来访者：有时候我真的很想告诉我同学的，就是我很想坦白地告诉他们。	解析技巧 形象比喻
咨询师：去做一次真实的自我。 来访者：是，但是我觉得自己平时留在他们心里的印象实在是太好了，就是那种娇生惯养的女孩儿，什么都不愿意做，就是说很受父母宠爱的那种样子。但是，我如果真的说出来的话我不知道他们会怎么看我。	解析技巧 同感回应
咨询师：言外之意就是说你现在在同学当中已经塑造了这样一种形象，对你来讲呢，你很珍惜这种形象，你希望别人是这样理解你，这样看待你。但另一方面你也知道这一形象跟你的真实自我是有距离的。	解析技巧

拓展阅读

了解身体语言[①]

科学家在研究动物时发现，动物往往用一些动作或姿态来表达自己和互相交流。例如公鸡昂头直视是一种威胁的语言，意为“我要和你斗”。

科学家发现，人这种特殊动物同样也有身体语言。

例如两臂抱胸表示“我很紧张”或“我对你有敌意”或“我不想理你”；伸手摸鼻子表示“我在说谎”或“我不想说”。

身体语言比口头语言更真实可靠。人说假话容易，而身体很难说谎。

因而有些书叫人从身体语言看人的情绪或心态。

但是人的身体姿势千变万化，要记住每一个姿势的意义是很难的。况且每个姿势都有不止一种意义。如抱胸者有时是威胁别人，有时是自己感到紧张。

我们必须根据对方身体其他部位的姿势、所说的话等综合判断，这就更难了。

猴子技术可以简化这一困难。

具体做法是：当你难以判断对方的情绪时，你就模仿他的身体姿势，然后体会你内心的情绪，你心里的情绪就是对方的情绪。

猴子技术的原理是：当你准确地作出某种情绪带来的身体变化后，你就会产生相应的情绪。

如果你像一个真正快乐的人一样，大声地笑，轻松地向上弹跳着走路，两眼灵活地东张西望，你就会快乐起来。

如果你像一个真正悲伤的人一样，哭，皱眉，呻吟，收缩身体，用手扶着头，你就会伤心。因此当你模仿一个人的姿势时，你就会有与他相同的情绪，就可以知道他的情绪了。猴子技术也可以加上语言的模仿，即重复他的某些话。

用这种技术去了解别人，有一个好处是了解得更深切。假如你看到对方垂着头而判断他很沮丧，这只是例行的判断。相反，如果你也垂着头，从而知道他很沮丧，你是感同身受。你不是用头脑知道而是用你的心灵知道对方的情绪，这种知道当然更深切。

---

① 岳晓东.《性格铸造历史：30位古今中外名人之心理分析》[M]. 北京：中国轻工业出版社，2009.

这种方法有时对对方有一定的安慰作用。因为对方可以由你的身体语言感受到，你了解他的感受，这样他就能感到不那么孤独了；如果你再重复他的话，效果将更好。

“所谓朋友，就是悲伤时和你一起哭的人。”有人说过这句话。有人和你一起哭，就是对你最大的安慰。

西方人有这样一句话：“模仿是最大的恭维。”研究身体语言的专家也发现：正在谈话的两个人身体姿势趋向一致，是双方关系融洽和谐的表征。因此，在你模仿对方的身体语言时，对方会感到你和他的相处融洽。

聆听不是要放弃个人的信念与价值观，而是要学会兼容并蓄，学会从他人的角度思考问题，学会在不放弃个人的信念与价值观的条件下，接受他人的信念与价值观，作出由衷的同感反应。

倾听意味着学会沉默，学会全神贯注，并学会设身处地地去体验来访者的内心感受并作出富于同感的反应。

沉默可以是尊重与接纳的表示，也可以是咨询师自我反省的需要。

宣泄指来访者将积蓄已久的情绪烦恼与精神苦恼倾诉给咨询师的过程。它是一种发泄痛苦的方式，可给来访者带来极大的精神解脱，使人感到由衷的舒畅。由此，它可使来访者摆脱恶劣心境，寻找症结，并强化其战胜困难的信心与勇气。

哭，对于宣泄和排遣来访者的不良情绪，可以是一种有效的手段。在心理咨询场合下，哭经常是来访者自我领悟的一个重要突破点。安慰一个人，不一定是要他忘记过去，而是帮助他学会怎样正确地面对过去。如果一个人的心灵创伤没有得到及时的宣泄和舒缓，那可能会留下许多后患，精神抑郁就是其表现之一。

面质要以尊重为前提，以同感为基础。这样才会给人以态度诚恳、言之由衷的感觉，而不是态度生硬、强词夺理的感觉。换言之，面质是以接纳、尊重、同感、真诚、温暖等为先决条件的。面质力求“问而不审，质而不压”，以推动来来访者的自我审视与自我悦纳。

第三章　心理咨询的拓展深入技术

第一节　心理咨询的洞察分析技术

一、洞察分析能力概述

（一）洞察力的概念

洞察力（insight）是一种特殊的思维判断能力。

具有深刻洞察力的人，可以根据事物的表面现象，准确、深入地认识到事物的本质及其内部结构或性质。在这点上，洞察力与直觉、预感等有某些相似的地方，但是也有明显的差别。一般来说，直觉和预感，偏重于对事物发展变化的判断，而洞察力则直逼事物的本质结构。因此，洞察力的智力层次和适用范围要比直觉、预感更深入，更广泛。事实上，许多洞察力事例实际上更像是在提出科学假说。

心理咨询洞察力（therapeutic insightful competence）是指咨询师能够对来访者的认知、情感、行为之动机与相互关系进行归纳总结、透彻分析、深入探讨的能力。通俗点来讲，洞察力就是透过现象看本质。

从这层意义上来讲，洞察力就是“开心眼儿”，需要用心理学的原理和视野来归纳总结人的行为表现。

心理咨询中的洞察力源自精神分析理论，泛指咨询师对来访者（患者）主述问题的潜意识或无意识之缘由、关联、形成过程的心理分析。由此，洞察力就是透过现象看本质，就是对来访者行为表现的潜在动机做深入剖析。在此要强调的是，精神分析中的洞察力与认知心理学中的顿悟有着本质的不同，前者是由客体（也就是咨询师）完成的，而后者是出主体（也就是来访者）完成的。

在精神理论中，当事人很少具有对自我行为的洞察力，正所谓“当事者迷，旁观者清”。洞察力是心理咨询师应具备的一个基本功。可以说，心理咨询的技能成长历程就是一个洞察力不断提高的历程。依照哈佛大学咨询心理学教授佩里（William G. Perry）的观点，心理咨询流派可大致分为洞察力类（insight therapies）和行为矫正类（behavioral therapies）两大类。前者靠启发，领悟来解决咨询问题，后者靠行为矫正来解决咨询问题。

由此，洞察力也是咨询师帮助来访者寻找自我人格与行为表现上的种种问题与盲点，从而加深对自我的了解。在这当中，咨询师要善于对来访者陈述的问题加以心理学的概念化处理（如谈某种情结作用，人格状态、防御功能），为咨询探讨提供理论依据，并不断积累自己的心理学知识，逐渐形成自己的咨询套路和风格。

洞察就是帮助来访者透过现象看本质，增强其对自我行为及其动机的了解。洞察力的成功在于，对于来访者说出的困惑，咨询师能够给予合乎情理的理论解释。换言之，洞察力旨在使来访者看到自己的“背影”，有恍然大悟的体验。由此，洞察力就好比是“开心眼儿”，使人看问题一针见血，针对来访者的连篇叙述，不断作出心理学的归纳总结。心理咨询师对来访者的问题描述没有洞察力，就好比医生对患者的病状描述没有诊断一样。表 3-1 举例说明了洞察力所代表的部分内容。

（二）心理洞察力的分类

心理咨询洞察力可大致分为 3 大类：情绪洞察、人格洞察和意识洞察（表 3-2）。当然，诸如移情、阻抗等技巧的运用也或多或少地离不开洞察力的合理运用。但就主题而言，这 3 类洞察力更值得我们关注。

咨询师要培养洞察力，就需要在咨询学习与实践中不断积累自己的心理学知识，把握好并灵活运用。在这当中，咨询师要分清咨询心理判断与临床心理诊断的差别（表 3-3），以明确了解自己的能力范围和服务对象。这里以咨询心理判断区别于临床心理诊断，因为前者是面对无器质性变化的常人群体，建立的是客户关系，做的是成长性咨询；后者是面对有器质性变化的患者群体，建立的是权威关系，做的是障碍性咨询。

（三）洞察力和观察力的区别

洞察力和观察力是有一定区别的。观察力是一个人知识与分析水准的结合，是一种需要长期实践、训练以及验证的技能。例如：对人的观察力就需要丰富的心理学知识、长期的实践和对于固定观察样本的长期观察验证所能逐渐获得的经验；能自发形成观察力的人一般都具有宽广的心胸，而当观察能力达到一定水准后会自然而然地升级为洞察力。

洞察力是心灵凌驾于个人观察力水准之上的，洞察力可以应用在对陌生人的认知上，体现在寻找问题根源上。达到洞察力阶段的时候，在观察人或事物时，能产生一种无须思考就能在心里直接生成观察对象的一个轮廓，并能随着洞察力的提升而更加清晰、全面。当然，洞察力的生成要求和心力消耗都要比前者高。

表 3-1　洞察力对应词汇表（部分）

生活现象	生活描述	心理学表述	英文表述	一般心理学	精神分析	矫正方法	代表人物
自我中心	自大自负 自以为是 自欺欺人 好为人师	自恋人格； 自我评估过高	Narcissism Ego - centrism	缺乏同感； 强迫理解； 自我重要感过高； 自我意识过强	缺乏确的自我评估； 自我力量过强	培养同感 换位思维	拿破仑因极度自恋而自取灭亡
做事过于认真 凡事放心不下	较真 钻牛角尖	偏执人格； 完美主义； 强迫意念； 强迫动作	Perfectionism Neuroticism	缺乏自信； 缺乏安全感； 过分焦虑	缺乏安全感； 超我力量过强	系统脱敏 减少焦虑	朱元璋因过分猜疑而滥杀无辜
没有主心骨	依赖他人 缺乏主见	依赖人格； 缺乏果敢	Dependent Non - assertive	缺乏独立性； 自信不足； 自我力量不足	缺乏自信心； 缺乏自我成效感	成功体验 强化自信	刘禅因过分依赖他人而没有独立见解
被恋人拒绝	失恋 情感打击	情感挫折； 挫折体验； 自卑体验	Romantic defeat Self - defeating	自卑情结； 自我挫败	同感不足； 自恋情结； 爱情主位中心	“梅开二度”法情感升华法 幽默化解法	歌德因失恋升华而著《少年维特之烦恼》
暗恋	花痴 单相思	爱情奉献； 爱情定位有误	illusory love Non - reciprocal Love	不对称爱情； 虚幻爱情	爱情客位中心； 月亮情结	大胆表述 情感转移	诺贝尔因自卑而怯于爱情表达
痴迷上网	网恋 上网失控	网络迷恋综合征； 意志力薄弱	The IAD（Internet Addiction Disorder）	自制力失控； 纵欲上网； 网上情结	本我过强； 释放本我	强迫隔离法 奖励挂钩法 系统脱敏法	当下许多青少年网恋成瘾

表 3－2　心理咨询洞察力分类

洞察类型	具体操作	事例
情绪洞察	洞察来访者的情绪表现，如情绪流露，体语交流等，辨别情绪的掩饰作用	鲁迅小说《祥林嫂》中祥林嫂的哭已不再是痛苦的流露，而具有某种掩饰作用
人格洞察	洞察来访者的人格状态如人格协调、防御机制等，区分人格障碍与人格问题	在《红楼梦》中，贾宝玉对女性格外青睐，在很大程度上是因为他缺乏有效的男性认同
意识洞察	洞察来访者的意识流向，如特殊的宠爱、遗忘、口误等，并对此进行精神分析	在《三国演义》中，刘备对魏延的提拔在一定程度上是因为他的相貌及气质与关羽很相近

表 3－3　咨询心理判断与临床心理诊断的区别

	咨询心理判断	临床心理诊断
问题性质	个人成长中的忧愁烦恼及自我发展的问题，没有气质性变化	个人在人格和精神层面上的突出障碍，有明显的气质性变化
理论基础	以咨询心理学、发展心理学、人格心理学、社会心理学为基础	以精神病学、变态心理学、临床心理学为基础
测量方法	各种人格量表及投射测量	各种生物学测试及人格量表
治疗手段	心理动力学疗法、认知疗法、行为疗法、来访者中心疗法等	以药物治疗、物理治疗（如电击疗法）为主，以心理治疗为辅
专业人员	心理咨询师（一、二、三级）精神科医生、临床心理治疗师	

洞察力不像观察力那样有具体的操作细节和步骤，它内含的是一个总括性的思想，虽可让人任意发挥，却有其潜在的规律。

表 3－4 展示了美国心理学会咨询心理学分会对咨询学员判断力的要求。

表 3－4　美国心理学会咨询心理学分会对咨询学员洞察力的要求

	实践课	实习课	博士学位
咨询案例制定			
知识	基本了解咨询假设的形成步骤和检测； 具有对咨询问题形成理论概念所需的信息； 了解当事人的情况； 基本了解与评估相关的人体差异性； 基本了解精神病理学知识	了解诊断系统及其长处、短处； 了解心理模式的长处及问题	了解广泛的个体、系统特性（如个性差异、精神病理学、发展、社会背景等）及其对咨询个案判断的影响

（续）

	实践课	实习课	博士学位
技能	有能力制定和检测咨询假设； 有能力将在系统组织下收集并整合信息； 有能力清晰表达发现的结果； 有能力使用整合性、组织性技巧去理解转介问题； 有能力在反思、评估信息时考虑不同的诊断选项	有能力提出不同的诊断方案； 有能力用文字形式表达发现的结果； 有能力识别正在接受测评的个体或系统的长处、短处； 有能力与来访者或相关人员进行反馈会面	有能力整合从面试、测试及其他渠道收集来的信息； 有能力以适当的书面及口头方式向相关人士交流结果； 有能力在报告中讨论测试手段的长处、短处； 有能力根据测试结果做恰当的转介

［案例 3－1］①

来访者小玲，女，12 岁，因“不停洗手”前来咨询。

来访者：我就是禁不住要洗手，明知道不需要洗，可是心里受不了，非得洗手不可，不洗的话就特别难受。

咨询师：哦，是这样。那你都是在什么时候最想洗手呢？

来访者：我爸爸和妈妈吵架的时候，觉得特别心烦，就想去洗手。

咨询师：当你爸爸和妈妈吵架的时候。你开始不停地洗手，那你爸爸和妈妈有什么反应呢？

来访者：他们特别讨厌我不停地洗手，我一开始不停地洗手，他们就停止吵架，过来劝我。

咨询师：这就对了，你在潜意识中运用洗手来制止父母吵架，所以洗手只是表象，不想着见他们吵架才是真正的理由。

（四）荣格谈洞察力

在《荣格自传：回忆、梦与思考》的最后一页，荣格援引老子的话“众人皆明，唯吾独懵”作为总结。荣格称老子就是一个完美的象征，他具有超卓的智慧，可以看到以及真切地体验到价值与无价值。

受老子的影响，荣格（2017）回忆道：“智慧老人的原型所洞察的是永恒的真理……我对于我自己越是感到不确定，越是有一种内在生发的，与所有的存在均有联系的感觉。事实上，似乎那长期以来使我脱离于世界的疏离感，已经转化为我内在的世界，同时展现出一种意外而新颖的我自己。”

在此，荣格用“智慧老人”（wise old man）来形容我们内在所具有的有

① 岳晓东．《高考超常发挥和心理暗示》［M］．上海：上海人民出版社，2007.

关意义与智慧的原型意象（archetypal images）。在荣格的心理分析体系中，他所提倡的男人阿尼玛（Anima）发展到最高阶段的索菲亚形象，以及女性阿尼姗斯（Animus）发展到最高阶段的赫耳墨斯形象，都在不同程度上具有这种“智慧老人”的意义。

二、心理咨询洞察分析的步骤

心理咨询师在做深入的洞察分析时，需要按照一定的步骤进行。

知道了什么是洞察力后，重要的是要学会如何进行洞察，即在心理咨询的过程中，如何洞察到本质，并运用这些洞察帮助来访者实现对自我的领悟。

洞察就是透过现象看到本质。可见，观察现象是实现洞察的第一步；洞察的第二步，就是综合这些观察到的现象，找寻到其背后的意义及它们之间的联系，洞察到现象背后的本质；洞察的第三步，是运用自己洞察到的内容，帮助来访者实现新的领悟，增进其对自我的了解（图 3－1）。

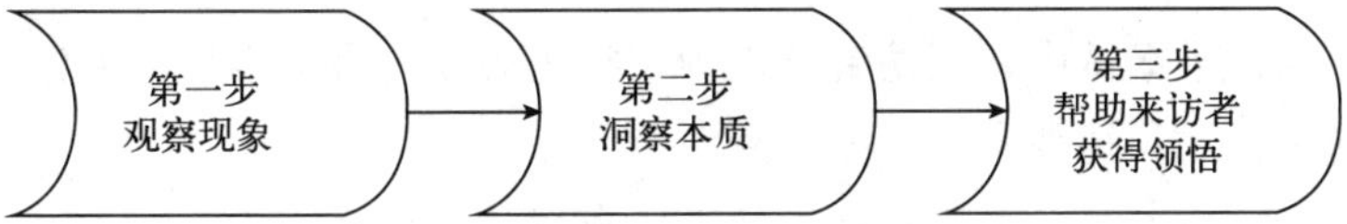

图 3－1　洞察三部曲

（一）观察来访者的行为表现

观察现象是指在咨询过程中，咨询师对来访者的言语表现和行为表现进行观察。

来访者的言语表现和行为表现是咨询师能够接触的直接信息。在咨询室里，来访者的任何表现都是有意义的，是其内心状态的表达。因此，观察来访者的表现，是咨询师深入了解来访者，实现洞察的首要步骤。

对来访者的言语表现进行观察，是指在咨询过程中，咨询师对来访者所讲述的内容和主题及其语气、语调等进行观察。在对来访者的言语表现进行观察时，咨询师首先要对来访者讲述的内容感兴配，关注来访者讲述的故事及主题。但是，咨询师还要注意，有一些信息是需要特别关注与识别的，这些能够提供对洞察来说更重要的信息，包括来访者讲述的故事，其言语中的真假信息，来访者言语中不一致的信息以及言语中主题、情绪等出现转折的地方。

其实，在咨询过程中要做到洞察，咨询师除了要对来访者的言语表现进行观察，还要对来访者的行为表现进行观察。这样，才能更全面地掌握来访者的信息，实现更深知的洞察。

观察来访者的行为表现，是指在咨询过程中，咨询师对来访者的表情、动作、姿势和行为进行观察。在这个过程中，咨询师要观察来访者的外部行为和情绪表现，以获得足够多的信息。在这些信息中，有一些是需要咨询师特别注意的，它们能够帮助咨询师更好地洞察到来访者的内心。这些方面包括：来访者重复的行为，与言语表现不一致的行为表现和行为表现中的转变（见表 3－5）。

表 3－5　来访者的行为观察方面

观察方面	具体描述
观察行为重复	观察来访者的重复行为，可能会体现出其思维方式或核心信念，可能是其未完成事件或无意识内容的表现
观察行为失调	观察来访者的行为或言语表现不一致的地方，可能表明来访者现在正处于一种相对混乱的状态，也可能是来访者未能真实表达自己的表现
观察行为转变	观察来访者出现的行为改变，可能是来访者内心状态发生改变的外部表现。咨询师需要敏锐地关注到这些，才有可能针对其做进一步的探讨，进行新的洞察

[案例 3－2]①

在下面这个案例中，来访者就出现了行为表现与言语表现不一致的情况。

咨询师：这一周的家庭作业完成得怎样呢？

来访者：哦，这一周我真的太怕了，所以没能完成……

咨询师：不知道你有没有注意到，这是你第三次没有完成作业了。我一直都听到你说，你很愿意跟我合作，很想改变和成长。但是从完成作业的情况来看，我似乎感受不到你有强烈的改变的意愿。能说一说是因为什么吗？

来访者：很抱歉，我觉得这些作业几乎没有多大用处，所以不太想做。

在这个案例中，来访者开始并不愿意告诉咨询师他对所布置的作业的真正感受和看法，但是咨询师敏锐地观察到了其言语与行为表现中的不一致，对其进行面谈，来访者才说出了内心真实的想法："觉得这些作业似乎没有多大用处，所以不太想做。"

（二）洞察来访者的内心活动

首先，在心理咨询过程中，咨询师要对来访者的核心信念进行洞察。

理性情绪行为疗法认为，个体的信念决定了个体所产生的情绪和采取的行为，在这些信念中，起决定作用的是个体的核心信念。它由一些"应该""应当"和"必须"组成。这些核心信念有"我必须得到生活中所有重要他人的喜爱和赞赏""我必须出色地完成那些任务""因为我强烈地希望人们体贴和公平

① 岳晓东，祝新华．《中小学心理辅导实用理论与技巧》[M]．北京：北京师范大学出版社，2001.

地对待我，他们就必须这样做”“如果我不能得到我想要的，那就太糟糕了。我无法忍受!”等。案例 3－3 很好地体现了这个洞察来访者核心信念的过程。

[案例 3－3][①]

背景：来访者，男，38 岁。

来访者：我妻子自从参加俱乐部之后，就开始晚回家，那个俱乐部离我们家只有半个小时的路程，她的课程晚上 6 点就结束了，但是她现在每天都7:30左右才到家。

治疗师：当你的妻子晚回家时，你的感受是什么呢?

来访者：我觉得焦虑。

治疗师：焦虑什么呢?

来访者：嗯，我想知道 6:00—7:00 这段时间她在做什么。

治疗师：你觉得她可能做什么呢?

来访者：她可能会跟别人约会。我的妻子是一个相当有吸引力的女人。

治疗师：好。假设其他人发现了你妻子的魅力，那么，是什么激起了你的焦虑?

来访者：哦，她可能会遇到发现她有魅力并劝她离开我的男人。

治疗师：如果她也那样做了呢?

来访者：我的天！那太糟糕了！我无法忍受，我永远找不到另外一个像我妻子那样好的女人了，因此我再也不会快乐了！

除了要洞察来访者的核心信念外，还需要对来访者真正的情绪进行洞察。来访者外显的情绪并不一定是其真正的情绪，他们可能会压即自己的情绪，也可能故意隐成自己的情绪。作为咨询师，就定要洞察到来访者真正的情绪。

人类产生特定的情绪往往有其特定的原因，明确这些，对于咨询师把握来访者的情绪非常有用。可以用一个表格来学习一下人类通常会出现的情绪有哪些可能的原因（表 3－6）。

表 3－6　人类通常出现的情绪表现及其原因

情绪表现	导致出现这种情绪的思想
悲伤或忧郁	失落的思想：失恋、丧偶、失业或没有实现某个重大的人生目标
内疚或羞愧	相信自己伤害了某人，或生活没有达到自己的道德标准 内疚是自责的结果，而羞愧包含着一旦别人发现了你自己的行为之后你感到丢脸的担忧

① 岳晓东.《与真理为友》[M]. 上海：上海人民出版社，2004.

（续）

情绪表现	导致出现这种情绪的思想
愤怒、烦躁、厌恶	感觉某人待你不公正，或想占你便宜
挫折或沮丧	没有达到自己期望的要求。坚持认为，事情应该是另一番景象，它既可以指你自己的表现（“我不该犯那个错误”），也可以指别人的行为（“他应该准时”），或是某一事件（“为什么每当我有急事时，交通总是堵塞？”）
焦虑、担忧、害怕、紧张、恐惧	因自己断定某件坏事即将发生，相信自己处于危险之中——“要是飞机坠毁的话，后果将会怎样呢？”“在那么多人面前发言时，万一我脑子一片空白该怎么办呢？”“假如这次胸口的隐痛是心脏病的预兆，那该如何是好呢？”
自卑感或无能感	把自己同别人相比，断定自己不如别人，因为自己没有别人能干、迷人、漂亮、成功、聪明。“她简直是无可挑剔的，她真漂亮，任何一位男子见了都会迷上她的。可我貌不惊人，才智平平，没有一点儿值得炫耀的地方。”
孤独感	自以为命中注定自己是不幸的，因为自己是孤独的，无法从别人那里得到足够的爱和关怀
绝望或泄气	确信自己的问题将始终存在下去，情况永远不会有所好转。“我将永远克服不了这种忧郁”“我就是无法减少体重，我没有恒心”“我将永远找不到一份工作”“我将永远孤独”

［案例 3－4］[①]

在下面这个案例中，咨询师洞察到来访者心底的情绪，进行了情感反映，促进来访者靠近内心的真实感受。

来访者：有一次，爸爸在单位受到了领导的批评，心里很烦，喝了很多酒，回来就打我妈和我，他拿起一只杯子往我头上砸，我当时就觉得头“轰”的一下，好一会儿才清醒过来。

咨询师：想象这样的场景，我都会觉得害怕和难过，但是我看到你在笑。想到这些你的感受是什么？

来访者：我可能是习惯了吧，没有什么特别的感受。

咨询师：哦，这样啊。但是当我想到 9 岁的你面对那样的爸爸时，觉得有些心酸。

来访者：（久久不语，开始流泪）。

点评：通过来访者的言语表现和行为表现，咨询师可能对来访者的行为模

① 岳晓东，祝新华．《中小学心理辅导实用理论与技巧》[M]．北京：北京师范大学出版社，2001.

式有所洞察。通过来访者讲述的故事，可以发现来访者在遇到不同的事情时，常常会不自觉采用的应对方式。

此外，来访者常常带着很多问题或困惑来到咨询室，这些问题与困惑有主要和次要之分，也有根本和表面之分。只有主要问题和根本问题才是解决来访者所有问题的关键，解决了它，来访者的其他问题可能就迎刃而解了。有时候，来访者最先向咨询师暴露的问题并非就是其主要问题，这就需要咨询师在了解更多信息的基础上，洞察其主要的问题并抓住这一问题。

来访者的行为表现往往有其内在动机，是某些内在需要未能得到满足的结果，或存在某些心理缺失的表达。马斯洛曾经把人的需要分成 5 个层次，最低一层是生理需要，然后是安全需要，归属和爱的需要，尊重需要和自我实现的需要。如果更基本的需要很紧迫，其他需要就处于压抑状态，而当前的行为由满足这一基本需要引导，满足这一需要成为行为的动机。马斯洛认为，在到达下一等级前，每一等级的需要都必须满足或部分满足，如果更基本的需要很紧迫，其他需要就处于压抑状态，而当前的行为由满足这一基本需要引导，满足这一需要成为行为的动机。

［案例 3－5］①

背景：来访者小晨，男，7 岁。

咨询师：我发现你在咨询室里是一个很乖巧的孩子，那么，为什么你在家里常常哭闹呢？能告诉我吗？

来访者：我也不想哭闹，但是我很听话的时候，爸爸和妈妈没有人会理我，我常常要一个人待着。但是只要我一哭闹，他们就会过来陪我。

咨询师：我想，你很想你的爸爸和妈妈能够多关心你，是吗？

来访者：是啊，因为爸爸妈妈他们太忙了，可是我很想跟他们一起多待一些时间。

点评：在这段对话中，哭闹是小晨的一种获得父母关心的手段，虽然他自己未必知道。

（三）帮助来访者领悟

洞察的第三步是咨询师运用自己洞察到的内容，帮助来访者实现对自我的新的领悟。

这并不是说咨询师洞察到什么，然后就将其直接告诉来访者，而是要运用多种咨询技术，帮助来访者自己获得领悟和成长。通过案例 3－6 以及表 3－7

① 岳晓东，祝新华．《中小学心理辅导实用理论与技巧》［M］．北京：北京师范大学出版社，2001.

来看看咨询师如何一步步将自己的洞察传道给来访者。

［案例 3－6］[①]

来访者：那个时候我就觉得妈妈很辛苦，很不容易，爸爸生病，她要照顾爸爸，还要照顾我们 4 个孩子。所以我常常想要去帮帮妈妈，陪着妈妈。

咨询师：嗯，我觉得妈妈真的不容易啊，那么小的你，怎么会知道要去帮妈妈，要去陪妈妈呢？

来访者：我就觉得妈妈挺辛苦的，我应该去心疼她，去爱她。我要做得比别人好，让妈妈过得开心一些。

咨询师：嗯，能够来寻求帮助是有勇气的行为，这就是你改变的开始啊。

来访者：我觉得小时候的我真的挺可爱的，也很懂事。

点评：在这段对话中，咨询师看到来访者的经历中的不容易，并没有直接告诉来访者这一点，而是通过两个问题让来访者洞察那段经历对个人带来的成长，更使其感受到了这份经历的宝贵。

表 3－7　咨询师如何将自己的洞察传道给来访者

咨询对话	情境分析
来访者：我觉得婆婆小题大做了，什么都管，连我的地毯放在哪里她都要管，还老指责我做得不对，我受不了她了，但是我又不能冲她发火，毕竟她是老人啊。我觉得我快受不了了，我想离婚，离了婚，我就不用面对她了。 咨询师：听起来，你已经觉得忍受不了了，你婆婆身上，你最忍受不了的是什么呢？	通过解析提问，帮助来访者明确她受不了的不是婆婆这个人，而是婆婆的某些行为或品质
来访者：她指责我，想控制我，是我最不能忍受的。 咨询师：在生活中其他时候有没有这样被指击和控制非常不能忍受的时候？	使用提问技术，把这一情境与生活中其他时候联系起来，帮助来访者看到自己这一反应的更多背景信息或意义
来访者：有，在我爸那儿。 咨询师：当被爸爸指责或控制的时候，你都怎么做的呢？	具体化提问，了解更多信息
来访者：我没有办法啊，只有冲自己发泄。实在受不了了就用头撞墙。小的时候特别怕他，但是其实现在心里特别恨他，又不敢反抗。 咨询师：哦，是这样。特别恨爸爸指责或控制你，但是又不能向他表达。	使用重述，帮助来访者明确其应对方式

① 岳晓东，祝新华．《中小学心理辅导：实用理论与技巧》［M］．北京，北京师范大学出版社，2001.

（续）

咨询对话	情境分析
来访者：我特别讨厌婆婆指责、控制我，跟我讨厌爸爸有关系吗？ 咨询师：你自己是怎么感觉的呢？	通过提问，促进来访者思考与澄清二者的关系
来访者：好像是这样的。也许我得先来处理我跟爸爸的关系问题。	

总之，咨询师要运用自己获得的洞察到的内容帮助来访者实现领悟，需要运用多种咨询技术，促进来访者自己去思考、探索与发现，而不是将自己洞察到的内容直接告诉来访者。

三、心理咨询洞察能力的实操

在了解了心理咨询洞察分析的步骤之后，再来分析情绪洞察能力的表现。

（一）情绪洞察的概念（insight of emotional reactions）

人是情绪化的动物。在心理咨询中，只有准确地洞察来访者的情绪变化以及情绪的表现形态，才可以深入这些情绪的背后，掌握触发这些情绪的思想、行为、事件等，从而更好地对症下药，帮助来访者调节情绪，恢复健康心态。由此，心理咨询师要了解情感（绪）表露、表达与内心世界的关联，以便准确辨认或识别来访者情绪表露背后的动机和成因。

（二）情绪洞察操作的注意事项

在情绪洞察当中，咨询师要注意以下几个方面。

1. 注意肢体语言

咨询师要在与来访者的交谈中，需要充分注意观察对方的面部表情、肢体语言、神志变化等，以深入体察来访者的内心感受。同时，咨询师还要注意来访者言语中的关键词，从中洞察其情绪表现（表 3－8）。

表 3－8　情绪洞察关键词（部分）

词语	简单定义	事例
负面情绪	指个人的痛苦情绪体验，包括抑郁，焦虑、烦躁、仇恨等	在失恋，丧亲、激烈争执等负性生活事件中的痛苦体验
正面情绪	指个人的愉悦情结体验，包括喜悦，兴奋、激动等	在经历正性事件时的喜悦或在经历负性生活事件时体验主观幸福感等
消极心态	指个人的悲观情绪体验，包括绝望，无助、气馁、自暴自弃等	面对负性生活事件所表现出来的悲观、失望、绝望的情绪体验

（续）

词语	简单定义	事例
积极心态	指个人的乐观情绪体验，包括希望、自信、决心、自我期盼等	面对负性生活事件所表现出来的乐观、希望的情绪体验
掩饰作用	指个人表现出来的情绪体验与真实的心态不一致	在面对正性或负性生活事件时所表现的与之相反的情绪体验
调适功能	指个人为了改变心态作出的努力	面对负性生活事件而调整心态所作出的努力

2. 识别掩饰反应

咨询师在与来访者的交谈中，要注意识别来访者情绪反应的真实性与可靠性。一般说来，一个人开心时会面露笑容，伤心时会哭泣不已。但人有时为了驱散烦恼与伤心，会面带笑容地讲述自己的悲痛事件，这种掩饰性情绪反应未必是心理健康的体现，而是自我克制的表现。久而久之，有可能导致来访者情绪崩溃，患上抑郁症。由此，咨询师要有意帮助来访者宣泄不良情绪，清除情感垃圾。

3. 把握同感尺度

咨询师要在与来访者的交谈中，警惕自己过分认同或不认同对方的情绪流露。过分认同来访者的情绪流露会给人感觉不真实，像是和自己的父母在对话（如来访者在讲述失恋、失婚而痛哭时，咨询师也痛哭）；过分不认同来访者的情绪流露会令人感觉很冷漠，像是在与律师对话。这些都不是正常的同感共情表现。

4. 运用心理测量

咨询师要在与来访者的交谈中，通过让对方做特定的心理测量表来确定其情绪表现，如使用《罗森伯格自信量表》《斯皮尔伯格考试焦虑量表》《贝克抑郁量表》《明尼苏达多项人格量表》等，都能够起到确认情绪反应真实性的目的。

拓展阅读

黛玉因自卑情结而情绪低落[①]

从表面上看，黛玉是一个小心眼儿的人，平时爱使小性子；从深层次看，

① 岳晓东.《红楼梦人物心理分析与情感世界》[M]. 北京：机械工业出版社，2012.

这是因为她对爱情没有安全感，渴望占据宝玉的全部心思。黛玉一旦感觉失去了宝玉的关注，就会焦虑不安，失去了平日的气度，对宝玉斤斤计较，事事苛责。再进一步说，黛玉的爱情焦虑的根源是自己内心深处无法克制的自卑感。

在心理学上，自卑情结是指个体的一种软弱、无能、低劣或自感不如别人的复合心态。它使人的自我评价偏低，时常自愧无能，自怨自艾，悲观失望。林黛玉是姑苏才子林如海与贾敏的女儿。林如海曾是探花，升至兰台寺大夫，又被钦点为扬州巡盐御史；而贾敏是荣国府中贾母的女儿，贾政的亲妹妹。由此，黛玉本是出身“钟鸣鼎食之家，诗书翰墨之族”的大家闺秀。但母亲在黛玉幼年时就离世了，贾母念其孤苦，便接来荣国府抚养。可没多久父亲也病故了，黛玉就长住在荣国府。对于既是皇亲国戚又是高官厚禄的荣国府，黛玉是“步步留心，时时在意，不肯轻易多说一句话；多行一步路。唯恐被人耻笑了她去”。总之一句话，寄人篱下的日子不好过。

虽然林黛玉深得贾母的喜爱，但毕竟是外孙女，身份上比不得孙女“四春”，而在外戚中，林黛玉又比不上拥有百万家产的薛宝钗，甚至比不上同是父母早亡的史湘云（尽管她也只是贾母的侄孙女，却还有叔叔婶婶来抚养）。对于林黛玉来说，除了荣国府，她举目无亲，万一出了岔子得不到荣国府的抚育，她将走投无路。凡此种种，都使得黛玉不得不谨小慎微，变得敏感而自卑。如《红楼梦》第二十六回中，黛玉想到“虽说是舅母家如同自己家一样，到底是客边。如今父母双亡，无依无靠，现在他家依栖。如今认真淘气，也觉没趣”。此外，黛玉早年是父母的掌上明珠，尔后却是寄人篱下的孤女，这一落差感也时刻伤害着黛玉的自尊，令她更加消极看待自己。

黛玉的自卑情结使她常常表现得孤高疏离、多疑脆弱。爱情是一种平衡结构，其核心成分是自信。可悲的是，黛玉带着满腹的自卑展开了与宝玉的爱情。这使得她看自己极端不自信，看宝玉极端不信任，使原本甜美的爱情变成了折腾彼此的怨情。

黛玉的自卑情结还使她对自己的言行极度敏感，生怕被别人看低。如在《红楼梦》第三回中，众人初见黛玉，见她有不足之症便询问为何只服药却不疗治，黛玉道：“我自来是如此，从会吃食时便吃药，到今日未断……”从黛玉的答非所问和“自来如此”中可以略微看出黛玉怕被众人轻视的高姿态。在《红楼梦》第七回中，周瑞家的被派给黛玉带来了官制堆纱新巧的假花儿，黛玉看了便问道：“还是单送我一人的，还是别的姑娘们都有呢？”周瑞家的道：“各位都有了，这两枝是姑娘的了。”黛玉冷笑道：“我就知道，别人不挑剩下的也不给我。”这话一出，黛玉的敏感可见一斑，她生怕自己受到别人的轻视而不断揣摩别人的言行。

事实上，最轻视黛玉的恰恰是她自己。她的自卑使她深陷抑郁的泥潭，很难体会到生活的乐趣，也使得她与宝玉的爱情之路走得异常曲折。

（三）比昂的洞察力

威尔弗雷德·比昂（Wilfred Bion，1897—1974）是英国著名精神分析大师，曾任英国精神分析学会会长（1963—1965）。他与法国精神分析大师雅克·拉康（Jacques Lacan，1901—1981）并称为“精神分析的怪才”，以大胆断言而闻名于世。下面是他的一段咨询记录，充分表现了其洞察力。

一位患者沉默了 30 分钟后告诉比昂，他听到了铁块落到地板上的声音。比昂对此的解释是，患者害怕看到自己内心有些什么。患者接着说他害怕被谋杀，比昂接着解释说，患者很嫉妒自己和咨询师的关系，因为两人能让患者变得更好。这是因为，嫉妒会让患者把咨询师和自己变成内心的一部分，就像块死板的铁块与死气沉沉的地板的关系一样，这两个东西聚在起，不是要给患者生命，而是要杀死他。

听完比昂的解释之后，患者变得十分焦虑，无法继续进行分析。比昂认为，患者此时的焦虑恰好说明了自己解释的准确性。

四、心理咨询的认知洞察技术

接下来再来分析心理咨询洞察分析关于认知洞察能力的表现。

（一）认知洞察的概念（insight of cognitive styles）

在心理学上，认知指一个人对某一事件的认识和看法，包括对过去事件的评价，对当前事件的解释，以及对未来发生事件的预期。认知作为理性的心理活动，对人的情绪、情感、动机和行为有较强的调控作用。认知洞察可分为暗示洞察和非理性思维的洞察。

1. 心理暗示的洞察

暗示在我们的日常生活中是最常见的一种认知现象。它是人或环境以非常自然的方式向个体发出信息，个体无意中接受了这种信息，从而作出相应的反应的一种心理现象。

暗示可分为自我暗示与他人暗示两种。自我暗示是指个人使某种观念影响自己，对自己的心理施加压力，使情绪与意志发生作用。例如，有的人从镜子里看到自己脸色不太好，就马上暗示自己得了肾病，感觉全身无力、腰痛，不能上班了，甚至到医院就医；而有的人在镜子里看到自己脸色不好，就暗示自己要加强户外活动，多做运动，并努力感受周围的新鲜空气，于是便振作起来，高高兴兴去工作了。他人暗示，是指个体与他人交往中产生的一种心理现象，别人使自己的情绪和意志发生作用（表 3－10，图 3－2）。

表 3－10　暗示类型

类型	突出特点	突出表现	突出结果	代表人物
积极 自我暗示	相信自我的能力和命运	目标明确 不断努力	自我期盼效应	刘备自信可以匡复汉室，一统中原
消极 自我暗示	不相信自我的能力和命运	缺乏信念 处事犹豫不决	自卑 自我疑惑	刘禅不相信蜀军可以抵御邓艾的进攻
积极 他人暗示	致使别人相信自我的能力和命运	被自信 被行动起来	期盼效应	诸葛亮用激将法促使孙权下定决心抗曹
消极 他人暗示	致使别人不相信自我的能力和命运	被自卑 被放弃行动	自卑情结 自我放弃	刘璋接受劝说放弃抵御刘备的进攻

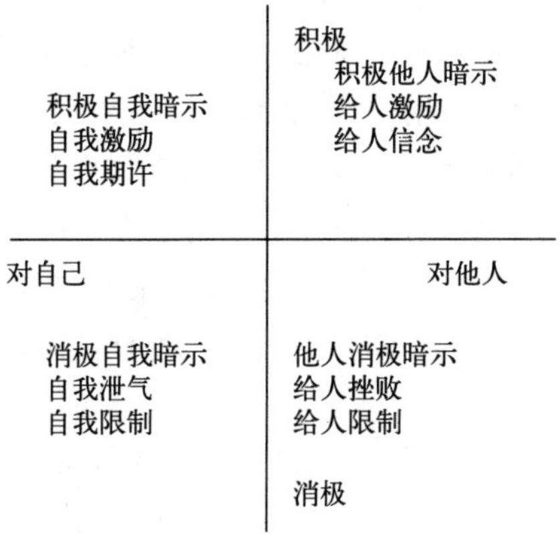

图 3－2　暗示类型图

拓展阅读

刘备是自我期盼的 NLP 大师[①]

据《三国志》记载，刘备为西汉景帝之子中山塘王刘胜的后代。他少时丧父，与母亲以编卖草席、草鞋为生。所以，刘备虽贵为皇室后裔，到他这一

① 岳晓东.《三国人物心理分析与职场生存》[M]. 北京：机械工业出版社，2010.

代，已与平民无异，并终日为温饱忙碌。但不可置疑的是，刘备的皇家身份不仅给了他后期争霸时的民意支持，也奠定了他自命不凡的基础。

刘备的自我期盼主要有两点：一是确信自己出身不凡，将来必有大用；二是期盼自己能担当起匡扶汉室的重任。如《三国志》记载，刘备儿时家中有株大桑树，遥望见如同车盖。刘备与同宗小儿于树下玩耍时曾说："我将来一定会坐有羽饰华盖的车。"其叔父刘子敬听到后，立刻指责他："不许胡说。你想招来灭门之祸吗？"由此可见，刘备自小胸怀大志，对未来有着强烈的自我期盼。

刘备23岁时，跟随邹靖讨伐黄巾军，立下战功，曾被任为安喜尉。30岁时，刘备加入了讨伐董卓的战争，力图除汉抓贼，兴汉室。再后来，刘备的势力逐渐壮大，便依附陶谦，答允陶谦的弥留之言"荣耀朝廷，施恩惠给百姓。并建立君王的功业"，并一度领徐州牧。

刘备38岁时，汉献帝刘协因曹操滥权，诏令其岳父董承联络他人诛杀曹操。刘备接到密旨后假装示弱，借机脱离曹营，投靠袁绍，以图联合地方势力一起反曹。在袁绍官渡之战败于曹军后，刘备又投靠刘表，并屯兵新野。但刘表对刘备不予重用，这大大相背于他的自我期待。一次与刘表饮酒，刘备到厕所时发现大腿变粗，便与刘表感叹说，我曾亲身征战四处，戎马生涯时身不离鞍，更未见髀肉。现在不再征战，在荆州安逸数年，而逐见大腿髀肉渐生，在荆州无所为用。征战半生理想仍未成，国家仍未平，不禁为之叹息、感殇落泪。由此可见，刘备纵然身处逆境，仍对自己有很高的期盼，只是碍于现实的无奈，暂时无法实现。

刘备59岁时，终于占据了荆、益两州，自称汉中王。两年后，在谣传汉献帝被加害的第二年，诸葛亮、许靖、黄权等人上书劝刘备即帝位，以续东汉之大统。刘备在成都登基，国号仍为"汉"，史称蜀汉。一年后，刘备因为关羽被杀，执意发兵东吴，但遭到陆逊的成功抵扰，退中白帝城，并病终于此。在刘备传奇而动荡的一生中，他虽未能成就大业，但其强烈的自我期盼却浩气长存。

用时下的术语来讲，刘备是一位NLP大师，他把个人的成功培训做到了家，以此感染了一批人跟随他走四方，追逐成功的梦想。

2. 非理性思维的洞察

非理性思维（irrational beliefs）由美国著名心理咨询大师、"理性情绪疗法"的创始人阿尔伯特·艾利斯（Albert Ellis）提出。它泛指个人思维中不合理、没有逻辑的信念，它会使人逃避现实，自怨自艾，不敢面对现实中的挑战。人们长期坚持某些不合理的信念时，便会导致不良的情绪体验。而当人们接受更加理性与合理的信念时，其焦虑与其他不良情绪就会得到缓解（表3－11）。

表3－11 非理性思维表现

表现	定义	事例
绝对化要求	即对人或事都有绝对化的期望与要求	如考试一定要拿到满分，否则就不是好学生
过分概括	即对一件小事作出夸张、以偏概全的反应	如一门考试没考好，就所有考试都考不好了
糟糕透顶	即对一些挫折与困难作出强烈的反应，并产生严重的不良情绪体验	如一次考试没考好，就觉得自己彻底不行了，要等待来年再考

拓展阅读

考生的六大非理性思维表现①

第一，非白即黑，非此即彼。

凡事从一个极端走向另一个极端。假如某种情况未臻完美，就认为是彻底的失败。如：“我没有考上大学，那我的一生就完蛋了。”

第二，灾难式的心理过滤。

总爱挑出某个事件的消极因素，并把它不着边际地夸大，将问题朝最坏的方向去想。如“我不受欢迎”。其实只不过是某一个人批评了你，而你却连其他人的微笑也看不见了。

第三，以偏概全。

将偶尔发生的消极事件看成是无止境的，认为它会经常发生。如“我从来就没有过好成绩”“我总是运气不好”。

第四，给好事打折扣。

拒绝积极的经验，认为那些好事“不算数”“没什么”。如即使自己完成了任务，仍认为自己不过是运气好，自己做得并不好，别人也能做到甚至做得会更好。

第五，胡乱预测结果。

事情还没有发生或还没有结果，就主观臆断，对事态发展作出了消极的推测与断言。如考试还没开始就说：“我肯定完了。”“要是我不及格，怎么办?”等等。

① 岳晓东.《高考超常发挥和心理暗示》[M]. 上海：上海人民出版社，2007.

第六，乱贴标签。

责怪自己："我是傻瓜、白痴、笨蛋。""我什么也做不好。"

3. 移情的洞察

在精神分析理论中，移情（transference）被视为一种投射。弗洛伊德认为，人类总是把过去生活中对某些人的感知和体验安到新近相识的人身上，这就是移情。在生活中，移情者会将自己内在的情感或心情转移到某种对象那里，形成某种积极（比如依恋）或消极（比如憎恨）的感情体验。这基本上是一种一厢情愿的行为，和同感有着本质的区别。移情有正向和负向之分，也有他对己（移情）和己对他（反移情）之分（表3-12，图3-3）。

表3-12　移情类型分析

类型	突出特点	突出表现	突出结果	《三国》代表人物
他人偏好	莫名就十分喜欢某人	不辨是非 偏心眼	正向移情 格外宠信	刘备因关羽而喜欢魏延
他人偏见	莫名就十分厌恶某人	不辨是非 偏信歧视	负向移情 格外厌恶	诸葛亮因关羽而厌恶魏延
自我偏好	莫名就十分赏识自己	自我陶醉 看自己什么都好	正向反移情 自恋	祢衡的极度自我陶醉
自我偏见	莫名就十分厌恶自己	自我嫌弃 看自己什么都差	负向反移情 自卑	袁绍官渡兵败后自暴自弃

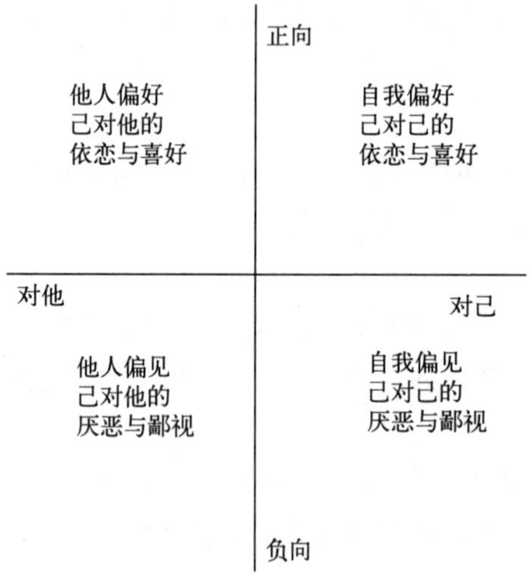

图3-3　移情类型图

移情是心理咨询过程中出现的正常现象，通过移情，我们可以更好地认识对方，并运用移情来宣泄对方的情绪，引导对方领悟。移情是治疗过程中的过渡症状，咨询师应鼓励来访者宣泄自己压抑的情绪，充分表达自己的思想感情和内心活动。来访者在充分宣泄情绪后，会感到放松，再经咨询师的分析，得以领悟后，心理症状会逐渐化解。

拓展阅读

诸葛亮对魏延有“云长—文长移情”[①]

魏延之一生，成也关羽，败也关羽。刘备宠信魏延，是正向的移情表现；诸葛亮反感魏延，则是负向的移情表现。那么，魏延与关羽有什么相似之处呢？表3-13展示了两人在姓名、相貌、气质和兵器使用上的相似之处。

表3-13 关羽与魏延的相似之处

姓名	关羽	魏延
字号	云长	文长
外貌	面如重枣，丹凤眼，卧蚕眉（《三国演义》）	身长九尺，而如重枣，目若朗星（《三国演义》）
兵器	青龙偃月刀	大刀
个性	羽善待卒伍而醉于士大夫（《三国志·关羽传》）	善养士卒，勇猛过人，又性矜高，当时皆避下之（《三国志·魏延传》）

刘备宠信魏延，是因为他神似二弟。刘备在建安二十四年（公元219年）称汉中王时，曾撇开三弟张飞而提拔魏延做汉中太守。诸葛亮之讨厌魏延，也是因为魏延像关羽一样刚愎自用，令诸葛亮感觉很不舒服。

诸葛亮平生办事以谨慎为本，最忌讳见那种口出狂言之人。关羽贵为刘备二弟，又是名震华夏的大将，诸葛亮不得不敬他三分。但魏延是后来之人，诸葛亮断无敬他之理。所以诸葛亮有机会就会打压他的气焰，表面上是在提醒魏延，潜意识中却是在宣泄对关云长的怨恨。用时下的术语来讲，诸葛亮对魏延长期实施了职场冷暴力。

想当初，关云长没有贯彻诸葛亮之“北拒曹操，东和孙权”的策略，结果背腹受敌，失去了荆州要地，不但赔了自己的性命，也使刘备、诸葛亮之克复

① 岳晓东.《三国人物心理分析与职场生存》[M]. 北京：机械工业出版社，2010.

中原，匡复汉室之大计严重受挫。云长人已死，不可追究，可而今文长说话办事有如云长复生，能不使诸葛亮心生厌感吗？诸葛亮每每出川，都要远涉祁山月余才能抵达渭水一带，可如果荆州不失，蜀军由荆州出击许昌，不过数日路途。

而魏文长又偏偏不识相，屡屡提出要孤军奋战，且不谈其胜算把握如何，就是其粮草供给也难保障。这岂不又是关公当初动不动言以五百小校而取大城池之狂妄吗？想到这里，诸葛亮能不烦恼？诸葛亮之云长—文长移情就是这般形成的，其天长日久必然对魏延产生一股说不出的厌感来。由此，诸葛亮打压魏文长，其实也是在打压关云长当初的自傲气焰。诸葛亮明知蜀军除了自己当数魏延最有智谋，却在临死之际，故意举魏延的死对头杨仪做主帅，这分明是在逼魏延造反！

纵观诸葛亮对魏延的一系列不公正对待，追溯到其与关云长之间的矛盾，我们就会对诸葛亮的移情表现深有体会了。所以说魏文长这一生，是成也云长，败也云长！

（二）认知洞察的注意事项

1. 注意分清认知洞察与意识洞察的差异

虽然意识洞察与认知洞察都是在分析来访者的特定认识与思维方法，但两者并不完全相同。意识洞察是依照心理动力学的思路（包括弗洛伊德的精神分析理论、荣格的分析心理学理论、阿德勒的自体理论等），力图寻找来访者本我、自我、超我的互动关系及其在不同意识层面的作用；而认知洞察则依据认知疗法的思路（包括艾利斯的理情疗法、格拉泽的现实疗法、霍姆的认知领悟疗法等），力图认清来访者特定行为背后的动机与愿望。所以，前者可谓意象分析，后者可谓意向分析，其区别见表 3－14。

表 3－14　意象分析和意向分析的区别

意象分析	意向分析
以心理动力学理论为基础	以认知心理学为基础
讲究潜意识的作用	讲究动机的作用
分意识的不同层面	分内在、外在动机
强调内在的力量	强调内、外在的交互力量

2. 注意分请认知洞察与情绪洞察的差异

认知洞察的理论基础是认知心理学及与认知疗法相关的理论，而情绪洞察的理论则主要是情绪心理学理论。虽然两者是相互渗透的，但前者侧重探究来访者的认知与思维风格及其产生的基础，而后者则侧重探究来访者情绪表露的真实性及掩饰性。两者是互为补充的，而不是相互排斥的。

3. 注意发现来访者的未完成事情

在一定程度上，认知洞察就是为了发现来访者的未完成事情，并加以剖析。所以，在与来访者的交谈中，咨询师要注意挖掘来访者的重要生活事件或重要他人的存在，并深入探究其对来访者当前人格状态与行为模式的影响。

4. 注意发现来访者的完形点

认知洞察就是为了发现来访者的未完成事情。由此，咨询师要在认知洞察的同时，寻找其心理完形点，以促进其自我完善与人格成长。认知洞察的常用词汇及其事例说明见表 3 - 15。

表 3 - 15 认知洞察关键词与红楼梦人物（部分）

词语	定义	《红楼梦》事例
非理性思维	指个人对其生活事件或个人成长的偏见	如林黛玉之所以在贾府过得不开心，是因为她坚信舅舅家里的人大都讨厌她，话中总有话
认知误区	指个人对其生活事件的扭曲见解与认知模式	如尤二姐之所以要做贾琏的秘密夫人并后来听信王熙凤搬进贾府，是因为她有一个误见，就是一旦为贾琏生了儿子，她的地位就保住了
认知风格	指个人在认知过程中所表现出来的习惯化的思考模式	如史湘云在贾府，尽量从乐观视野来看待周围的人物与事件，这与林黛玉的悲观视野形成鲜明对比
认知归因	指个人理解和分析其生活事件因果关系的观点和想法	如王夫人把宝玉学坏归结为是晴要的诱惑，所以强制将晴雯驱赶出大观园
认知评估	指个人对其生活事件的认识及其危害估计	如贾政把宝玉与琪官的联络看成是不求上进、大逆不道而横加鞭笞
认知调整	指个人对其生活事件认识的调整与再认识	如李纨在贾府，以尽量参与社会活动来淡化丈夫之死带来的悲伤，寻找生活中的乐趣
未完成的事情	指个人因其童年或早期生活经历而遗留的特定的认知和情绪体验，包括悔恨、愤怒、憎恨、痛苦、焦虑、悲伤、罪恶、被抛弃等未曾表达的情感	如贾惜春之所以待人十分冷漠，就是因为她从小就没有体验过母爱，所以她以冷漠来保护自我，化解悲伤
心理定式	指个人对其生活经历与事件的习惯性的情感、思维模式	如柳湘莲认定贾府的人除了宝玉之外就没有一个好人，因而对尤三姐也是先入为主，充满鄙视，终而导致其自杀

（续）

词语	定义	《红楼梦》事例
心理完形	指个人由于其以往生活经历与事件而对眼下生活事件和人物的心理期待与定式思维	如贾宝玉之所以要出家，是因为他要完成其叛逆性格给他带来的心理满足
心理暗示	指个人接受外界或他人的愿望、观念、情绪、判断、态度影响的心理特点	如妙玉之所以出家，是因为其父母听信了一个和尚的话语，说妙玉命中注定要出家
应激表现	指个人在接受内外环境因素刺激时所出现的适应反应	如林黛玉每每生宝玉的气时，必然以冷笑开始
应对策略	指个人在面对困境与挫折时所采取的应对方法	如刘姥姥三进荣国府，都以自嘲来博取众人对她的好感
解释风格	指个人在看待自己或他人的生活事件时所采取的特定的归因方法	如贾迎者每每受到别人的误会和指责时，总是认定自己有问题，没出息
思维风格	指个人的特定思维方法	如薛蟠在看待人生时，总是会表现出俗不可耐的一面

［案例 3－7］

一份遗书的思考①

某女生，16 岁，读高一，就读于名校。

女生早恋，被父母发现，遭到一顿痛骂。次日，她给父母留下遗书，并服用 20 多粒安眠药，被发现后送往医院急救。连续 5 天昏睡，几乎没有进食，经检查没有器质性病变。在医院静脉注射营养药和补充微量元素，一周后出院回家调养，同时服用抗抑郁药物唯他停盐酸舍曲林片和抗焦虑、镇静催眠药物劳拉西泮片，已有一周。现在仍然沉默寡言，情绪时好时坏，进食少，四肢无力。不敢独主行走，父母稍加劝解便哭泣。

她情绪好时言语清晰，对学习、对同学充满期待，但聊到早恋时就开始哭，不想谈及。

她与父母同住，母亲是公务员，十分好强，工作很忙，对孩子非常严厉；父亲是一般工人，安于现状，性格内向，不太管孩子。夫妻之间经常闹矛盾，曾提出过离婚。

家族没有精神病史，女孩 3 岁前一直住在外婆家，外婆一家人都十分喜欢

① 岳晓东.《高考超常发挥和心理暗示》[M]. 上海：上海人民出版社，2007.

她。初三时，母亲就发现其与班里的一位男生交往较多，严加限制，曾一度中止交社。高一后，他们又开始交往，因她的学习成绩不断下降而引起母亲的关注。当发现他们还在幽会时，母亲暴怒，声称要去男生家里闹。女孩只是哭，然后就发生了自杀事件。

附：女孩的遗书。

爸爸妈妈：

对不起，这是女儿最后一次写信给你们。

我与小强继续来往伤了你们的心，我很内疚，请原谅我吧，也原谅他吧。

我生下来就是个扫帚星，跟我在一起的人都没个好。我对你们来说是个拖累，花着你们的钱，却伤着你们的心，还当一切是理所应当。我真是罪过！

我的身体不好，也总让你们费心，不是胃疼，就是肝疼，整天迷迷糊糊，还让你们为我操心。我总是想，没有我，你们会过得更好，也不会因为我而不断吵架。

我没有了梦想，也没有了目标，学习学不好，干啥啥不行，辜负你们养育我这么多年。与小强交朋友，欺骗了你们，我好像就没说过一句实话。但现在有一实话我想告诉你们，就是他能理解我，也愿意听我说，从不责怪我。真的，在家里，我没有得到过这份温暖！

真的不想再伤你们的心了。16 年了，谢谢你们养育了我，是我自己没出息。我感觉自己就是一个人渣，到社会上也成不了什么好人，所以不如死了算了。

谢谢你们的爱，是我自己没珍惜，谁都不怪，都是我自己做的。我做过了那么多错事，你们都原谅了我，这一次也不要再怪我好吗？是我惩罚我自己，你们对我越好，我心里的负罪感越重，我这种贱命，死不足惜。

妈妈，以后再听见是廊里有人喊妈，也不会再是我了。

人死了都会去天堂吗？我知道我去不了天堂的。因为我做的坏事太多了，只能下地狱，但我这次的决定没有错。我走了，大家都清净。

妈妈，我从你那拿了 50 元钱，这是最后一次啦！下辈子也还不完了。

对不起……

想了一晚上了，该安静地睡会儿了。

亲爱的爸爸妈妈，永别了！

在上述案例中，对该女生的咨询可以围绕以下几个方面展开。

第一，探讨她的自卑情结

该女生有明显的自卑情结，这在下列话中可得到验证：

● 我生下来就是个扫把星，跟我在一起的人都没个好。

● 我总是想，没有我你们会过得更好，也不会因为我而不断吵架。

● 我做的坏事太多了，只能下地狱，但我这次的决定没有错。我走了，大家都清净。

由此，咨询师要帮助女生认识这些认知表现，使她发现这些非理性认识是怎样在伤害她的自尊的。而化解了这些非理性认识，她才能学会珍惜自己和生命。

第二，探讨她的情感缺失

该女生在生活中缺乏安全感和理解，她与男生的交往，是她在寻求爱之缺失的补偿。

她与男生的交往，用自己的话来说，是“他能理解我，也愿意听我说，从不责怪我。真的，在家里，我没有得到过这份温暖”。由此，咨询师要与该女生深入探讨她与男生交往的心理满足，以帮助她察觉她的情感缺失都表现在什么方面，怎样加以合理地、有效地弥补。

第三，探讨她的习得无助感

该女生与母亲有明显的沟通障碍，并形成了习得无助感，这使得她对母亲的要求多采取回避、顺从的做法。现在一谈到与男生的交往，她就开始哭，不想谈及。由此，咨询师要与该女生深入探讨她与母亲的沟通障碍，找到其习得无助感的表现及突破方法，学会与母亲有效沟通，表达自己的意愿。

第四，探讨她与生活希望与目标

该女生对生活感到很绝望，这在下列话语中可得到验证：

● 我没有了梦想，也没有了目标，学习学不好，干啥啥不行，辜负你们养育我这么多年。

● 谢谢你们的爱，是我自己没珍惜，谁都不怪，都是我自己做的。

由此，咨询师要帮助女生寻找生活的希望点。其实，该女生在情绪好时，会“言语清晰，对学习、同学都充满期待”。这是很好的切入点，咨询师要帮助该学生具体勾画她的生活目标与实现方法，以增强她的自信，强化她的信念，终而使她学会珍惜自己和生命。

五、心理咨询的人格洞察技术

（一）人格洞察的概念（insight of personality problems）

在心理学上，人格被定义为个体固定了的认知，情感、行为方式的总和。人格洞察分为两类，一类是对人格健全的洞察；一类是对人格缺陷乃至人格障碍的洞察。前者包括对人格和谐性、人格完善及自我完善，人格修炼等成长性人格因素的洞察；后者包括对人格冲突、人格缺陷、人格障碍等障碍性人格因素的洞察。

咨询师可以运用人本主义心理学的理念来看人格的成长与自我完善，也可以用行为主义的理念来看人格的塑造与养成，还可以从特质理论来看人格的具体分类与表现等。此外，咨询师还要充分了解人格心理学和变态心理学的相关概念，以有效识别人格健全、人格缺陷、人格障碍的定义与范畴（表 3－16）。

表 3－16 人格健全、人格缺陷、人格障碍之洞察

	人格类型	简单定义	代表人物
人格健全	升华人格	将本能冲动或潜意识作用（如攻击、发怒）以社会认可的形式表现，减轻本我的压力，保持心理的安定与平衡	苏轼 柳宗元
	自谦人格	具备自信心，不会在困境面前妄自菲薄，也有自我批判意识，以平常心看待世事，以清醒的头脑来处理问题	李世民 赵云
	创新人格	个人在创新活动中所表现出来大胆的怀疑、勇敢的批判、丰富的想象等创新精神和创新品格	爱因斯坦
	利他主义人格	无私地为他人的福利着想，甚至放弃个人利益的人格特征	美国第 16 任总统林肯
人格缺陷	自恋人格	一个人对自我价值与能力的过高评断，表现出渴望赞美、缺乏同情、嫉妒心强等	拿破仑
	自负人格	具有一定表现欲，自我评价过高，经常有自我陶醉性的幻想；期待他人的特殊偏爱和关注	恺撒 魏延
	焦虑人格	呈现出持续的、无目标性的过分忧心状态，甚至出现躯体不适，常伴随其他病症出现	朱元璋 朱由检
	冲动人格	情绪急躁易怒，反复无常，有强烈的攻击倾向，做事无计划性，冲动后有极大的愉快感且无罪恶感	孙皓
	依赖人格	个人自主精神甚弱，独立意识缺乏，渴望他人的亲近和帮助，不惜放弃个人的尊严与地位	刘璋
	完美主义人格	做任何事情都达到尽善尽美的地步，缺乏弹性和灵活性	诸葛亮
	A 型人格	对精神生活的不断丰富发展的追求，非常崇尚正直与真实，本能地喜欢帮助别人成长和进步。追逐完满性、应然性、终极性	诸葛亮
	B 型人格	争强好胜，苛求自己，试图在极少时间里做极多的工作；终日忙忙碌碌，不愿把时间花在日常琐事上。 没有时间紧迫感，工作不求完美，不会对别人产生敌意，休息时无罪恶感，追求生活享受	司马懿

（续）

	人格类型	简单定义	代表人物
人格障碍	分裂型人格障碍	个体内存在两个或两个以上独特的人格，每一个人格在特定时间占统治地位。这些人格彼此之间是独立的、自主的，并作为一个完整的自我而存在	凡·高 顾城
	反社会型人格障碍	缺乏道德观念与罪恶感，以自我为中心，自控能力差，耐挫力不足，易被激惹，做事不计后果，情感、意志和行为严重偏离常规	尼禄
	表演型人格障碍	以人格不成熟、过度情绪化，以过分感情用事或夸张言行来吸引他人注意为特征的人格障碍	关羽
	自恋型人格障碍	对自我价值感的夸大和缺乏对他人的公感性，喜欢指使别人，认为自己享有特权，渴望持久的关注与赞美	祢衡
	依赖型人格障碍	对亲近与归属有过分的渴求，这种渴求是强迫的、盲目的、非理性的，与真实的感情无关	刘禅
	偏执型人格障碍	以极其顽固地坚持己见为典型特征的一类变态人格，表现为对自己的过分关心，自我评价过高，常把挫折的原因归咎于他人或推诿客观	王安石
	冲动型人格障碍	因微小精神刺激而突然爆发非常强烈而又难以控制的愤怒情绪，并伴有冲动行为的人格障碍	张飞
	强迫型人格障碍	要求严格和完美，容易把冲突理智化，具有强烈的自制心理和自控行为	希特勒

拓展阅读

王安石有偏执型人格障碍[①]

从宋神宗熙宁二年（1069 年）到元丰八年（1085 年）的 16 年间，王安石在神宗皇帝的大力支持下，倡导变法，革除积习，这便是中国历史上著名的“熙宁变法”。可惜这次变法前后跌宕起伏，并使朝臣长期相互倾轧，致使改革成效大打折扣。这与王安石的偏执人格有极大的关系。

王安石搞“熙宁变法”，坚持“天变不足畏，祖宗不足法，人言不足恤”，在十多年间，以“急进”变法形式，接连推出农田水利、青苗、均输、方田均

① 岳晓东.《性格铸造历史：30 位古今中外名人之心理分析》［M］. 北京：中国轻工业出版社，2009.

税、免役、市易、保甲、保马等新法，并一口气裁并了全国一百几十个州、县。这些举措虽一时减轻了国家的经济负担，却给各级管理带来了极大的混乱。与此相反，司马光等人主张“渐进”的改革方法，逐步改变朝政。两朝元老富弼也曾劝神宗皇帝：“陛下临御未久，当布德行惠，愿二十年口不言兵。”苏轼一开始就提醒神宗皇帝：“陛下求治太急，听官太广，进入太说。”王安石对“渐进”的做法不屑一题，以后更将这批“反改革派”或贬为地方官，或致仕退休。可惜，王安石在“熙宁变法”中独断专行，不容异见，导致变法严重受挫，其原因在哪里？史学界一向认为这是由于王安石缺乏变法谋略及宋神宗支持不足。就心理学而言，这也是由于王安石人格偏执，既不善听取不同意见，也不善团结各方面力量，树敌过多，不但使自己陷于不利境地，也累及神宗皇帝不能充分调动各方面力量来完成“熙宁变法”的大业。

例如，王安石在变法过程中刚愎自用，独断专行，导致朝中大臣多与他决裂。这当中有人原来是他的靠山，如韩维、吕公著等人；有人原来是他的荐主，如文彦博、欧阳修等人；有人原来是他的上司，如富弼、韩琦等人；也有人原来是他的朋友，如范镇、司马光等人。虽然他们都是俊杰、是朝廷重臣，却因为不同意王安石的某些做法而被逐一赶出明廷。将别是司马光，念在与王安石共事数年的交情上，曾 3 次写信给王安石，劝他调整自己的治国方略。可惜王安石就是执迷不悟，看一条驳一条，导致司马光与他分道扬镳，终生不再往来。

再如，熙宁四年（1071 年），开封知府韩维报告说，境内民众为了规避保甲法，竟有“截指断腕者”。宋神宗就此事问及王安石，不想王安石竟回答：“这事靠不住。就算靠得住，也没什么了不起！那些士大夫岗且不能理解新法，何况老百姓！”神宗皇帝听了颇为不悦地说：“民言合而听之则胜，亦不可不畏也。”王安石听了仍是不以为然，因为在他看来，就连士大夫之言都可不予理睬，更何况是什么民言！王安石如此极端地看问题，难怪人们都称他为“拗相公”。

王安石早年在《上仁宗皇帝万言事书》中提出了“教之、养之、取之、任之”的人才观，认为若“有一非其道，则足以败乱天下之人才”。可惜，王安石口头上讲用人要从长计议、任人唯贤，行动上却急功近利，滥用亲信。这虽为他的政策执行带来一时的便利，却为他的变法失败埋下了祸根。到了后来，北宋的朝政已不再是变法与否的争论，而是疯狂迫害异己的斗争。北宋王朝就在这样的争斗中迅速衰落，以至灭亡。想来，这也都是王安石偏执人格惹的祸！

王安石的变法失利告诉后人：欲改变社会，必先改变自己。一个人格不完善的人，是不配也无法领导社会进步的。说到底，一个性格“拗扭”之人，何以包容天下，礼服众心呢？

表3－17为王安石人格分析表。

表3－17 王安石人格分析

特征	定义	行为表现	突出后果
偏向	不公正的认知倾向	自命不凡 一意孤行	变法强制执行，缺乏宣传与尝试，导致变法以小乱大，不得人心
偏见	不实际的认知判断	不切实际 急功近利	头脑发热，不思反省，改革步伐过快、导致事与愿违，民怨沸腾
偏信	带有个人成见的判断倾向	偏听偏信 自以为是	听不得不同意见，破坏了宋朝立国以来“异论相搅”的优良传统，为后来奸臣当道埋下了祸根
偏好	带有个人成见的选择倾向	任人唯亲 排斥异己	重用吕惠卿、章惇、安惇、曾布、蔡卞、蔡京、李定等有才无德之徒，导致“小人乱政”“奸人坏法”
偏激	过激的行为举动	刚愎自用 主观武断	与司马光、苏轼、文彦博等稳健改革派决裂，变改革争论为党派倾轧

（二）人格洞察的注意事项

在人格洞察当中，人们要注意以下几个方面。

1. 注意分清人格缺陷与人格障碍的差异

人格缺陷普遍存在于普通人当中，包括自恋、自卑、敏感、多疑、悲观、冷漠、抑郁、焦虑等，可以将其理解为轻度的人格障碍或人格障碍倾向。心理障碍可以被理解为一个人的心理异常与行为异常，人人都可能会遇到。人格缺陷心理障碍影响着人们正常的工作和生活。此外，人格缺陷并没有一个标准的行为模式，其突出表现有性格偏激、行为异常、乖张、情绪控制能力差、性格孤僻等；但人格障碍却有着明确的临床分类，如反社会型人格障碍、回避型人格障碍、边缘型人格障碍、自恋型人格障碍、分裂型人格障碍、依赖型人格障碍、表演型人格障碍等。

2. 注意分清人格缺陷与心理问题的差异

人格缺陷是人格的某些特征处于一种人格的边缘状态，可与酗酒、赌博、嫖娼、吸毒等恶习相关或互为因果，是介于人格健全与人格障碍之间的一种人格状态。人格缺陷还是家庭暴力、社会危害的重要源头和成因之一。心理问题包括心理困惑、心情烦躁等，是一种亚健康状态的表现。例如，当人们遭遇重大挫折或面临重大抉择时会表现出情绪焦虑、恐惧或者抑郁，有的表现为亲人死亡后的悲伤、沮丧，人际关系紧张引起的烦恼、退缩、自暴自弃、报复等欲望。

3. 注意分清人格缺陷与精神疾患的差异

人格缺陷是人格的非理想状态，也是自我完善的目标所在。它不具有器质性变化或病理性基础，是可以通过心理咨询或自我调整来加以控制或改善的，如自恋、胆怯、敏感、焦虑等特质，都可以通过自身的努力来改变。但精神疾患则是器质性的变化，其患者的认识、情感、意志、动作行为等心理活动均可出现持久的、明显的异常，由此不能正常地学习、工作、生活、动作行为难以被一般人理解。在病态心理的支配下，精神病患者还会有自杀或攻击、伤害他人的行为。精神疾患包括精神分裂症、心境障碍、焦虑症等。

4. 注意分清人格障碍与神经官能症的差异

神经官能症又称神经症、精神症，是一组非精神病功能性障碍，如恐惧症、焦虑症、躯体化障碍，神经衰弱等。它具有一定的人格因素与心理社会因素，但非应激障碍，是一组机能障碍，障碍性质属功能性非器质性，具有精神和躯体两方面症状，具有一定的人格特质基础但非人格障碍，各亚型有其特征性的临床意义。神经症是可逆的，外因压力大时加重，反之症状减轻或消失；社会功能相对良好，自知力充分。神经症与人格障碍有一定的重叠，但前者主要是非精神病功能性障碍，而后者主要是某种人格缺陷的严重化与稳定化。

总之，想要准确判断人们的心理活动正常与否并不容易，人的心理活动是不可见的，只能通过个体的语言和行为推测他的心理活动过程。心理活动受多种因素，如环境、人际和社会文化关系等的影响，而言语和行为亦如此。心理活动的个体差异很大。正常的心理活动和异常的心理活动之间缺乏明显的分界。

拓展阅读

心理健康的灰色区理论认为，如果将人的精神健康比作白色，将精神不健康比作黑色，那么在白色与黑色之间存在着一个巨大的缓冲区域——灰色区。灰色区又可以进一步分为浅灰色区与深灰色区。浅灰色区中有心理冲突而无人格变态，其突出表现为由失恋、丧亲、夫妻纠纷、家庭不和、工作不顺心、人际关系不佳等生活矛盾而带来的心理不平衡与精神压抑。深灰色区中则有种种异常人格和神经症，如强迫症、恐人症、癔症、性倒错等症状。浅灰色区与深灰色区之间也无明确界限，是一个渐进的演变过程，包括人的心理不平衡。情绪障碍及变态人格，这些问题虽属于非器质性精神痛苦，但都不同程度地干扰了人们的正常生活与情绪状态。

灰色区理论还认为，世间纯白的心理完美和患纯黑的精神疾病的人极少，大多数人的精神状况都分布在这一灰色区域内。有些学者将这一灰色区域——既非疾病又非健康的中间状态称为“亚健康状态”或者“第三状态”。“第三状态”是一种很不幸的非健康状态，虽然不是明显的病态，但却严重影响了人们的心理生活质量，浪费精力，将精力引向非建设性的渠道，降低人际吸引力，毁坏人的自我感受，降低人的自我满足感，束缚人的创造性。所以。心理健康不仅是指没有心理疾病，还指要超越“第三状态”（表 3－18）。

表 3－18　人格洞察关键词（部分）

词语	简单定义	《三国演义》事例
人格缺陷	指人格的某些特征相对于正常而言的一种边缘状态或亚健康状态，可与酗酒、赌博、嫖娼、吸毒等恶习相关或互为因果，是介于人格健全与人格障碍之间的一种人格状态，也是一种人格发展的不良倾向或是某种轻度的人格障碍。常见的人格缺陷有自卑、抑郁、怯懦、孤僻、冷漠	关羽有明显的自恋型人格障碍倾向，张飞有明显的冲动型人格障碍倾向
人格障碍	指人格特征偏离了正常轨道，也称病态人格，是一种人格发展的内在不协调。人格障碍是在不健全的先天遗传素质特点的基础上，由于后天的不良社会环境因素的影响，而逐渐形成的人格结构上的某些方面过分与畸形发展或严重的发展不足	祢衡有明显的自恋型人格障碍，孙皓有明显的反社会型人格障碍
人格完善	指个人在成长中不断认识自我、提升自我、完善实现的结果	吕蒙通过自学而超越了自我，令鲁肃对他“刮目相看”
人格不协调	指人格严重偏离正常，不协调，且性格的某些特征过分发展，导致人格发展不平衡	刘禅的人格发展就很不协调，个人的放纵性和依赖性都很强
人格分裂 人格解体	指随着年龄的成长，一个人的人格出现了明显的变化与不协调，令人难以适应与接受	早年的孙权与晚年的孙权判若两人
人格冲突	指自我、本我，超我的冲突，精神分析理论的核心概念。按照弗洛伊德的理论，人格的冲突决定了人格的发展	在华容道口，关羽为了放不放生曹操而犹豫良久
人格互补	指人格发展的互补作用，如内向的人可以通过与外向的人交往而变得活跃起来，焦虑的人可以通过与乐观的人交往而变得放松起来	曹叡派司马懿做曹真的副都督，就是为了用前者的智谋来弥补后者的劳动

（续）

词语	简单定义	《三国演义》事例
人格锁定	指人格的发展受到童年经历的影响而保留下来。按照弗洛伊德的理论，口腔期人格锁定的人会变得以自我为中心，随心所欲；肛门期人格锁定的人会变得追求完美，固执己见	张昭的固执己见不仅令孙权最终冷落他，也使他自己无法合群，这很有可能与其早年的成长经历有关
人格僵化	指一个人的人格特质表现得过于僵化，不适应环境，终而造成显著的功能障碍或是自己主观上的不舒服时，便形成人格异常	袁绍在官渡之战失利后就出现了人格僵化的特征，一蹶不振，自暴自弃

（三）人格洞察中不同理论的互补

咨询师将人格理论的精神分析理论和自我实现理论结合在一起，制作了罗杰斯自我实现与弗洛伊德人格互动交叉图（表 3－19，图 3－4），以明确其交互关系。咨询师要敏锐地洞察来访者对自我完善的努力与人格互动的关系，以帮助来访者找到自我修通与人格完善的方向。

表 3－19　自我实现与人格互动交叉换型

类型	突出特点	突出表现	突出结果	对策建议
本我＋理想自我	虽志向远大 却没有行动力	做事心血来潮 缺乏计划性	好高骛远 浅尝辄止	加强超我的力量 调整理想自我的追求
本我＋现实自我	没有远大志向 甘于平庸	做事无计划性 也不求计划性	不求上进 得过且过	加强超我的力量 明确理想自我的追求
超我＋理想自我	志向远大 不断努力	做事很有计划性 工作勤奋	追求完美 精力透支	加强本我的力量 学会做事不求完美
超我＋现实自我	没有远大志向 却不甘于平庸	工作勤奋 不求超越	工作认真 满足现状	加强本我的力量 提高理想自我的追求

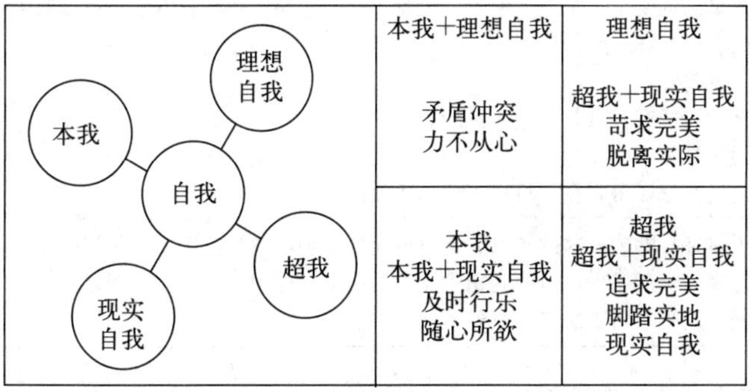

图 3－4　罗杰斯自我实现与弗洛伊德人格互动交叉图

总之，洞察力对于人格来说，就是将人格心理学的相关概念灵活运用于心理咨询的案例分析中，有效辨别来访者所表现的问题是否属于人格健全、人格缺陷、人格变态的范畴，并采用相应的方法来加以整合或是治疗。

［案例 3-8］

为什么孩子在家里一个样，在学校一个样①

男，初二学生，长相普通，学习成绩一般，性格有两面性。他在家里与在学校给人感觉完全不一样。在家里，他可以和父母大吵大闹，有时候甚至辱骂母亲。有一次他和姐姐打架，好像要把姐姐往死里掐，妈妈去拉他的时候，他把妈妈甩到一边，还把她的手弄脱臼了。在学校，他却性格腼腆，回答问题老是低着头，不敢抬头看老师，平时也不怎么说话。他说妈妈不爱他，其实妈妈是很爱他的，甚至到了溺爱的地步，这才使他养成这样娇纵的性格，对母亲极不尊重（表 3-20）。

表 3-20　督导与学员关于案例的对话

对　话	情境分析
督导：孩子多大了？ 学员：14 岁。 督导：孩子给你最大的困惑是什么？ 学员：就是两面性，在家与在学校完全是两个人。	
督导：请举个例子说明。 学员：据任课老师说，他在学校上课，平时极少提问，也绝少主动回答问题。就是叫他起来回答问题也是低着头，声音很小，以至于有的同学们开他的玩笑，说他是个大女孩。 督导：那他怎么回应呢？ 学员：他一般什么都不说，默默地走到一边。 督导：那回到家里呢？ 学员：回到家里感觉变了一个人，家人说他就是一个小霸王，稍有不顺心就破口大骂，对他母来的态度尤其不好。 督导：你怎么看呢？ 学员：我看这个孩子有一点儿双重人格的表现。 督导：对，说得具体一些。 学员：我感觉他在家要得到在学校得不到的成就感。	具体化技巧
督导：对，说得好！的确，这孩子有人格双重化的表现。在学校里，他希望扮演一个乖孩子，不惹事，低调做人；但回到家里觉得没必要这样做人了，而是有点儿原形毕露，称王称霸。这是人格不协调，里外不统一的表现。	解析技巧

① 岳晓东，祝新华．《中小学心理辅导实用理论与技巧》［M］．北京：北京师范大学出版社，2001.

（续）

对　话	情境分析
学员：那他是怎样变成这样的呢？ 督导：这就需要我们共同探讨与发现，你觉得他的这种双重性与的成长经历有什么关系？ 学员：据我所知，他在家里极为受宠，是爷爷奶奶带大的，原来都是要什么给什么的，说一不二的。	
督导：那什么时候开始改变的呢？ 学员：据我所知就是从他上幼儿园时开始的。当时他苦恼得很厉害，也很孤独，虽然最后在幼儿园待了下来，却变得很内向，不合群，喜欢独处。 督导：回到家里呢？ 学员：回到家里就不一样了，很容易大吵大闹，遇着不开心的事也是没完没了地闹。 督导：我感觉他从上幼儿园开始就做上了两副“面具”，一副在学校，戴上一个“青衣”的面具，什么都表现得很乖，这样才能避免麻烦。而回到了家里，他就戴上了“红验”的面具，把一天的压和都释放出来。长此以往，要不就压得很深，要不就爆发得很烈，这种两极化对他的人格成长不利。	解析技巧
学员：这么说，他也是很无奈的，在学校被人欺负，在家里欺负别人。	
督导：你总结得很好。这就是人格不协调的结果。在心理学上，双重人格是多重人格的一种，发展下去可能是严重的心理障碍。美国精神病大词典对它的大概定又是：一个人具有两个以上的、相对独特的并相互分开的亚人格，是为多重人格，是一种癔症性的分离性心理障弱。多重人格的基本特征是：虽然同一个体具有两种或更多完全不同的人格，但在某一时间，只有其中之一明显。每种人格都是完整的，有自己的记忆、行为偏好，可以与单一的病前人格完全对立。	澄清技巧
学员：听起来感觉挺严重的啊。 督导：是啊，但如果学生能够协调自己的人格状态，他会达到自我完善的。	

点评：在上述学员与督导的对话中，督导指导一个咨询师从人格心理学的角度来理解来访者的人格状态及其形成过程，并做了必要的理论解释。相信这一督导探讨对于提高咨询师的洞察能力有很大帮助。

六、心理咨询意识洞察技术

（一）意识洞察的概念（insight of unconscious thoughts）

在意识分析的层面，洞察力就是运用精神分析的理论来看人格的动力表现。具体地说，在操作层面，精神分析理论可以简单分为 3 种洞察分析：人格分析（personality analysis）——本我、自我，超我的冲突分析，自我分析（ego analysis）——防御机制的表现分析，梦境分析（dream analysis）——潜意识的作用分析。而意识洞察核心则是意识分析（图 3－5）。

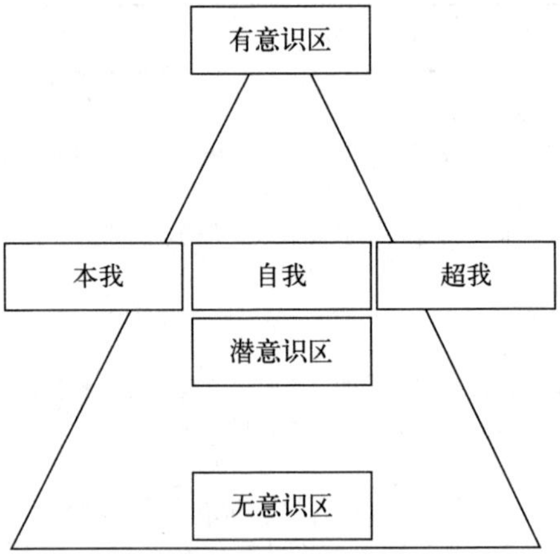

图 3-5　精神分析理论中人格与意识之关系

在精神分析理论上，人格是个人本我、自我、超我 3 种互动冲突的结果，其中自我（也称自性）就是精神防御机制的表现，它又有不成熟、中性、成熟之分（表 3-21、图 3-6）。心理咨询师要在与来访者的对话交流中，时刻发现其心理动力的突出表现及防御机制的运用，以求通过现象看本质。

表 3-21　精神分析理论

	理论要点	简单定义	典型事例
人格分析（人格结构）	本我	在潜意识形态下的思想。代表思绪的原始程序——人最为原始的、属于满足本能冲动的欲望，是私心杂念	人的性冲动、偷窃、抢劫、伤害自己或他人的欲望等
	超我	人格结构中的管制者，由完美原则支配，属于人格结构中的道德部分，按照至善原则行事，指导自我，限制本我	人的是非观、道德意识、法律概念、自我的修养等
	自我	个人有意识的部分，具有防卫和中介职能，它按照现实原则来行事，充当仲裁者，监督本我，给予适当满足	人内心冲突的平衡、自我的妥协、对私欲的某种节制等
自我分析	1. 不成熟的防御机制		
	否认	无意识地拒绝承认那些不愉快的现实以保护自我	出了错却不认错、拒不面对现实等
	幻想	无力实际处理问题，使自己存在于幻想世界，获得心理平衡	幻想自己是超人、有神威等

（续）

	理论要点	简单定义	典型事例
自我分析	转移	将危险情感或行动转移到较为安全的情境下释放出来	受了老板的气回家冲家人发火
	倒退	使用比较幼稚的方式来应付困难和满足自己的欲望	出了错后放声大哭，什么都不做，不断求情
	压抑	某种观念、情感或冲动不能被超我接受时，下意识地将极度痛苦的经验或欲望潜抑到无意识中去	失恋后，就尽可能忘却当初的一切
	2. 中性的防御机制		
	补偿	为克服生理上缺陷或心理自卑，发展其他方面的长处、优势，赶上或超过他人的一种心理适应机制	相貌、身材差的人会通过好好学习来获得心理平衡
	投射	将自身的不良思绪、动机、欲望或情感，赋予到他人他物上，推卸责任或归错于他人，从而得到解脱	考试没考好的人，会想象别人也都没考好
	分离	将不愿面对的事实从意识境界中加以隔离不让自己意识到，以免引起精神上的不愉快	失恋的人不愿回到当初共同出入的地方，以避免勾起伤心事
	合理化	当个人做了某件昧良心或不符现实的事情时，会有意识地扭曲事实，以获得内心的平衡	当想偷他人的手机而受良心谴责时，会竭力回想自己的手机也曾被人偷过
	反向作用	意识性地采取某种与潜意识完全相反的看法和行动	明明是暗恋一个人，却表面上表现得毫不在意
	3. 成熟的防御机制		
	升华	被压抑的不符合社会规范的原始冲动、欲望通过符合社会认同的方式表达出来，以得到本能性满足	在失恋时，通过努力学习来转移注意力，获取内心的平衡
	幽默	以幽默的语言或行为来应付紧张情境或表达潜意识的欲望	通过自嘲、自我调侃来谈论自己的失恋经历
	利他主义	替代性、建设性地为他人服务，并且本能地使自己感到满足	通过认捐、做义工来舒缓内心的烦恼

（续）

	理论要点	简单定义	典型事例
梦境分析	显梦分析	说出来的未经分析的梦，指梦的表象分析。分析梦的隐含意义，再加以分析联想实际	分析梦见自己被人追赶、迷路、掉进了深渊等是惧梦
	隐梦分析	对梦里的图像化的“素材”和“场景”进行分析，象征本身并不具备单一的意义，具有偶发性和普遍性	对惧梦的情景与现实的关系作深入剖析，以发现其内在关联
	象征意义分析	利用相关元素自由联想，使代替它的事物能进入意识之内，使潜意识层面调到意识层面，成为有意识的观念	对梦中的深渊、山洞做深入的意象分析，探知其特殊含义
	梦境生成分析	从这些观念推知那些隐藏在背后的原来的潜意识的观念	对生活焦虑与梦见坠入深渊之关联进行深入探讨

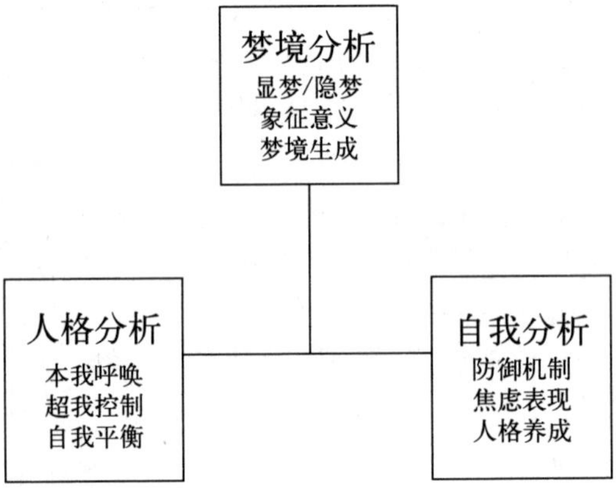

图 3－6　精神分析理论分析

值得强调的是，在精神分析理论中，人格冲突导致不同形式的人格曲扭。人格曲扭就是心理活动的阴暗面，它使得人不能积极有效地面对生活中的冲突与压力。而人格障碍的形成，就是本我、自我、超我三者互动冲突中出现的“两头大，中间小”的局面，即自我完全受制于本我或超我的力量控制。具体地说，当自我过分靠超我一边，人格就会呈现自负、自我中心、随心所欲等自恋人格表现；而当自我过分靠超我一边，人格就会出现偏执、较真，追求尽善尽美等完美主义（图 3－7）。

图 3－7　精神分析人格冲突的人格表现

在这层意义上来讲，精神分析理论洞察分析就是做好以下 3 件事情：

● 谈情结：探讨来访者内心深处的移情、偏好与偏见。

● 谈意识：探讨来访者的种种有意识与无意识表现。

● 谈人格状态：探讨来访者的人格冲突状态。

由此，咨询师要在与来访者的对话当中，探究其表面现象背后的潜在动机，人格状态的形成原因，以求“变无意识为有意识”“化无知为有知”，终而调动其自我成长的动力，改变其对现状的不满。在心理咨询上，有“未完成事件”（unfinished business）的概念，它指个人因为某种尚未获得圆满解决或彻底弥合的事情，尤其是创伤或艰难情境，而在人生中不断去寻求满足。例如，如果一个人在童年没有得到足够的关爱，他就会不断去表现自己，以获得关爱的满足，或是去嫉妒甚至伤害那些曾经得到足够关爱的人。

在这层意义上来讲，寻求关爱上的满足就是一个人的“未完成事件”，也就是他的情结。由此，这个人会在潜意识中十分关注、在意别人对他的态度，特别是对他勤奋、努力的肯定。也由于这样一种心态（意识），这个人一方面可能会表现得十分勤奋、自强不息、坚忍不拔，却在另一方面表现得十分敏感、焦虑、猜疑，缺乏安全感。对此，心理咨询的目标就是帮助其人完成其“未完成事件”，使他得到关爱的充分满足，以重构自我的人格。

拓展阅读

弗洛伊德的“荣格情结”[①]

弗洛伊德一度把荣格看成是自己的“儿子”，这是弗将伊德的“荣格情结”。所以，当 1913 年荣格与弗洛伊德正式绝交并建立自己的分析心理学体系时，弗洛伊德的失望溢于言表。

荣格并非弗洛伊德的学生，荣格在读了弗洛伊德的《梦的解析》后，深受影响，赞誉此书为“划时代之作”。由此，荣格给弗洛伊德寄去了他关于词语联想的研究论文，从此两人开始了书信往来。弗洛伊德回赠荣格一幅他自己的照片，他也很想知道荣格的长相。1907 年，两人相约见面，第一次长谈竟然持续了 13 个小时，留下了心理学史上的一段佳话。1911 年，在弗洛伊德的支持下，荣格担任了国际精神分析学会的第一任主席。这一切都使得弗洛伊德对荣格有一种超乎一般友谊的情谊和期待。

然而，随着交往的深入。两人在学术上的分歧越来越严重，特别是在“灵性”和“性欲”的问题上，荣格认为弗洛伊德在情感上深深地陷入“性决定论”中——无论是在个人身上，还是在艺术品上。1912 年，荣格出版了《力比多变化与象征》一书，凸显了两人之间已经产生的裂痕。该著作的出版，正式结束了荣格与弗洛伊德的关系，也使得弗洛伊德的“荣格情结”更加纠结。

拓展阅读

“谈话疗法”的创立[②]

1880 年 12 月至 1882 年 6 月，布洛伊尔医生为一个名叫安娜·奥的女病人治疗歇斯底里症。她患病时才 21 岁，首次发作是在服侍她衷心爱戴的父亲时。布洛伊尔第一次接触安娜·奥时，发现她的临床症状极为复杂，包括全身痉挛性麻痹、精神抑制和意识错乱等，而这一切是无法用药物来加以控制的，也没有手术方法可实施。

---

① 弗洛伊德．《弗洛伊德自传》[M]. 廖运范，译．北京：东方出版社，2005.

② 申荷永．《心理分析：理解与体验》[M]. 北京：生活·读书·新知三联书店，2005.

在一次对话中，布洛伊尔偶然发现，如果能使安娜·奥讲出她在病症发作时的幻想和妄念，她的症状就会得到缓解。

由此，布洛伊尔尝试了一种全新的治疗方法，就是把安娜·奥催眠到很深的状态，然后告诉她在发作时是哪些念头在压迫着她，又怎样可以去除。就这样，布洛伊尔帮助安娜·奥有效控制了她原来反复发作的症状和毛病。

有趣的是，处于清醒状态时，安娜·奥与一般人差不多，也说不出自己的病源在哪里。但是一经催眠，她马上就能厘清原先弄不清的关系。事实上。她的一切症状都与她服侍父亲的纠结有关。一方面，她想做个好女儿，好好服侍父亲；另一方面，她感觉很疲惫，不想再服侍他。两者在内心不断角斗，就形成了她的焦虑症状，特别是当她越想压制那些讨厌父亲的念头时，她就越感到焦虑不安。

而当她在催眠状况下，她就能自由地表达自己的愿望和情感，不再为此而纠结和愧疚；待醒来时，自我感觉也舒服许多。更有趣的是，当安娜·奥被催眠后，她会忽然忘记自己的母语德语，而开始讲英语。这说明，在催眠状态下，患者失去了自控能力，恢复了平时被压抑的，难以启口的原始意识。换言之，在人的意识的深层，存在着另一种原始的意识形态。

安娜·奥很享受布洛伊尔为她提供的咨询，并称之为“谈话疗法”或“烟雾扫除法”。后来，布洛伊尔把这一方法简称为“涤清法”或“净化法”。

（二）情结的修通

精神分析之目的在于帮助来访者发现自身的各种情结表现（表 3－22）。

表 3－22　情结的不同表现

情结的“是”与“不是”	
情结不只是情绪的表露	情结是心理能量的郁结
情结不只是爱与恨	情结是一种人格状态
情结不都是问题	情结是扭曲的认知
情结不都是障碍	情结是本能的流露

所谓情结（complex），就是指由被压抑的无意识思想、感情、知觉、记忆等所组成的意念倾向。它突出表现在特别偏好或怨恨某种类型或者某一地方的人或事件等。情结基本上属于一种“自主性”或“自治性”的存在。它可以与我们的整体心理体系保持联系，但也会分裂、脱离，甚至独立。因此，情结

的出现与消失有着它自身的规律，往往不受我们意识的支配，甚至能够支配我们的自我意识。当情结被触动而产生作用的时候，不管人们是否意识到，情结总能对人们的心理和行为产生极具感情强度的影响，甚至是某种具有主导性的影响，比如强烈的爱或恨，快乐或伤心，感激或愤怒等。

情结虽然不等同于潜意识，但是情结的产生却是潜意识的体现。一般而言，情结存在于潜意识的深层，经过心理咨询的解析，被提升到人格的表层，得到有效的认知和化解，这叫修通（working through）。由此，心理咨询之目的不是让来访者消除其某种情结，而是让来访者通过自我的觉察和梳理，消除这种情结的负面作用及消极影响。荣格曾说，只要我们不能察觉和认识我们的情结，我们就会在不同程度上受情结的控制和摆布。

在这当中，精神分析是把原发的过程变成继发的过程，把深层意识的情结提到表层来解决。心理障碍的形成，是因为心理能力受到压抑或沉溺，而产生了消极的情结反应。这便是心理健康与人格完善的黑洞。而洞察分析的目的在于让来访者“变无意识为有意识”，以便加以整合和修通。在这个层面上讲，精神分析也可以简称为“意识分析”，为的是帮助来访者认清他的行为表现是受哪些心结的影响，怎样可以加以舒缓。

总之，对于精神分析理论来讲，心理咨询本质上就是咨询师对来访者特定情结的识别与处理的过程。其识别过程要在与来访者共同探索其特定情绪体验、思维模式或偏好、偏见背后的潜意识需求满足，其处理过程需要与来访者共同议定适合他自己的调整方法。

（三）意识洞察的注意事项

在意识洞察当中，人们要注意以下几个方面（表 3－23）。

表 3－23　洞察关键词与《三国》人物（部分）

词语	简单定义	《三国演义》事例
本我呼唤	指人性本能的流露，如个人的性欲、偷窃欲、偷窥欲、毁坏欲、杀人欲等欲望	曹操每每遇到漂亮女人，就想加以掠之
超我节制	指个人在成长的历程中来自父母、师长、社会教诲所得到的道德规则。超我会压制自我的流露，按社会可接受的方式去满足自我	曹操为了不担负篡汉的骂名，在有生之年没有取代汉献帝
自我	指自我协调本我和超我之间的矛盾，按照现实原则来行事，既监督本我的动静，给予适当满足，又要制止违反社会规范、道德准则和法律的行为	关羽如不降曹，就无法保护两位嫂夫人，所以他以“发现刘备就走”为条件降曹

（续）

词语	简单定义	《三国演义》事例
人格冲突	指本我、自我和超我之间的矛盾冲突，抉择意向，按照弗洛伊德的理论，人格的冲突决定了人格的发展	在华容道口，关羽为了放不放生曹操而犹豫良久
精神防御	指在个人遇到生活困难与烦恼时所采取的一种能够回避困难、解除烦恼、保护心理安宁的方法。如压抑、否定、退化、幻想，转移等	曹植在失势后，通过文学创作来排解自己的失意，升华自己的情绪
潜意识作用	指人类心理活动中那些不能认知或没有认知到的部分，按照弗洛伊德的理论，它是人们已经发生但并未达到意识状态的心理活动过程	诸葛亮对魏延的不满，在很大程度上是在转移他对关羽的怨恨
情结作用	指个人的一组无意识的组合，或是一种理藏在意识深层的意念或冲动	曹丕因为从小自卑而在继位后虐待自家兄弟
情结识别	指对于情结的生成原因、行为表现及与现在生活环境、事件相关联的觉察	杨修知道曹操杀他的根本原因是他令曹操感到了自卑
情结修通	指个人了解其情结成因并加以化解的过程	在官渡之战时，郭嘉以“袁绍有十败，主公有十胜”来激励曹操
未完成事情	指个人尚未获得圆满解决或彻底弥合的既往情境，它使人总是在有意识或无意识地追求其补偿	关羽因为小时候曾被人轻视过而变得十分自恋，“敬下不敬上”
自我力量	指个人要面对自己的人生，改变自己的人格的内在力量	刘备为了匡复汉室而不断地鞭策自我，坚持不懈
强化自我	指个人依据强化原理来安排自己的活动，每每达到目标即给予自己一定的物质或精神酬报，直到最终完成目标	关羽在降曹期间，为了抗拒曹操的利诱并磨炼意志，经常挑灯夜读
移情表现	指个人将对自己以往生活中重要他人的爱与恨移到他人或咨询师身上的意向与行为表现	刘备对魏延的重用，在很大程度上也是在转移他对关羽的喜爱
反移情表现	指咨询师将对自己以往生活中重要的人的爱与恨移到来访者身上的意向与行为表现	诸葛亮在骂王朗背汉时，也在声讨自己的哥哥诸葛瑾背汉从吴
投射作用	指个人将自己不喜欢或不能承受但又是自己具有的冲动、动机、态度和行为转移到他人或周围事物的表现	袁术因为自己想称帝，就怀疑很多人也有这份心思，所以先下手为强

（续）

词语	简单定义	《三国演义》事例
固化作用	指一种功能固着状态，是遭遇外界突发事件或是在长期、慢性刺激下而形成的一种心理反应模式	关羽由于长期鄙视吕蒙、陆逊等东吴将领，所以十分漠视他们突袭后方的可能
意象分析	指通过对外部形象、事物、语言等来分析个人内心世界的技术	诸葛亮通过让姜维观天象来测试他的内心想法

1. 大胆设想，小心求证

咨询师要对来访者谈论的问题有自己各种各样的设想与推测，但要在沟通中搜集证据、事例，做到言之有据，话说有理。由此，咨询师要在实践中，学会从各种角度看待来访者的主述，以逐渐形成自己的判断。

2. 多元思考，逐渐推进

咨询师在与来访者的交谈中，要注意先从不同角度看待同一问题，再从同一角度看待不同问题。具体地说，咨询师要在与来访者的交谈中，学会从精神分析理论的角度分析来访者的“未完成事情”及其情结表现，从认知的角度来分析来访者的认知误区与非理性思维表现，从人本心理学的角度分析来访者的自我完善与人格不协调，从行为主义心理学分析来访者的强化积累与习惯养成。待各种思路出来后，咨询师还要注意加以逐步提出，反复讨论，以最后求得共识。

3. 不要把假设当结论

咨询师要在与来访者的交谈中，警惕自己的主观武断表现，把假设当结论，急于表明自己的立场与观点。咨询师应该在同感共情的基础上，将对来访者问题的分析巧妙地加以表达。

4. 不要忽略体语交流

咨询师要在与来访者的交谈中，注意其体语表现与交流。许多来访者在咨询时，由于防御机制的作用，可能言不由衷，语非所欲，咨询师要注意观察来访者的肢体语言，以作出准确的判断，而不要被表现甚至假象迷惑。

（四）荣格的情结理论

情结这个概念在荣格分析心理学中具有重要地位。在荣格通过对词语联想的研究中，提出了他关于情结的心理学理论。他发现其词语联想测验中的情结指标（complex indicator）不仅提供了心理世界中无意识层面的直接证据，而且提供了有关无意识的潜在内容及其所具备的情感能量。

在荣格看来，情结是一种心像与意念的集中，其中具有一个源自原型的核心，并且具有某种特别的情绪基调。情结基本上属于一种“自主性”或“自治性”的存在，它可以与我们的整体心理体系保持联系，但也会分裂、脱离，甚至独立。因此，情结的出现与消失有着它自身的规律，往往不受人们意识的支配，甚至能够支配人类的自我意识。情结在无意识中形成和积累，当它逐渐膨胀到一定程度的时候就有机会发作，而表现为我们人格与自我的“替代主角”。

一旦情结被触动而产生作用，不管人们是否意识到，情绪总能对人们的心理和行为产生极具感情强度的影响，甚至是某种具有主导性的影响，比如强烈的爱或恨，快乐或伤心，感激或愤怒等。而这个时候，我们往往已经不能再理智地表现本来的自己，而是完全被情结占据和控制。在此意义上，情结类似于一种心理本能，触发后就按照其自身的固有规律来自动行事。

于是，受某种情结所困的人。往往也就会表现出由此情结所支配的心理与行为。

因此，精神分析的目的不是要让人消除或根除其情结，而是让人理解情结在自己的心里和行为中所起的作用来降低其消极影响。荣格认为，如果我们不能察觉和认识自己的情结，就会在不同程度上受情结的控制和摆布。而一旦我们认识并理解了情结的存在及其意义，情结也就失去了影响与控制我们的能量。尽管它们不会消失，但可以逐渐减少其消极的影响。这就好比被忽视的孩子总是要通过哭闹来吸引大人的关注，若是大人能够照顾好孩子，那么他就会变得安静，而不再需要利用哭闹来表达自己的诉求。

拓展阅读

弗洛伊德与荣格分手的“癔症性昏厥”表现

弗洛伊德是精神分析的开创者，其理论基点就是人的焦虑会通过躯体化形式表现出来，如头痛、胃痛，牙痛、浑身瘙痒、间歇性失明、昏厥等症状。在心理学上，这都是癔症的表现。有趣的是，在与自己的大弟子荣格分手这一事上，弗洛伊德也表现出了“癔症性昏厥”。

1909 年 4 月 20 日，在去美国讲学的前一天，荣格在闲聊中提起了在德国北部发现的泥炭沼尸体。弗洛伊德对此很反感，几次打断荣格的谈话，后来竟突然昏倒了。这是弗洛伊德在荣格面前的第一次晕厥。其原因在于：弗洛伊德认为，荣格对尸体的闲谈暗示着他希望自己去死，这种被压抑的焦虑令弗洛伊德神情恍惚，继而引发了“癔症性昏厥”。

从美国讲学回来后。弗洛伊德一心致力于将精神分析理论扩展到更多领域中去，而荣格则致力于对神话学的钻研。在两人的通信中，分歧逐渐扩大。弗洛伊德希望荣格能维护自己的权威，而荣格却对弗洛伊德的主观武断日感不满。

1912 年 10 月，荣格在给弗落伊德的信中写道："不管怎么样，我得说，你用对待病人的方式来对待你的学生本身就是一个错误。这样一来，你所指望而且造就的不是奴性十足、顺从的儿子，就是轻率浅薄的小人。我十分客观地看穿了你的这种小伎俩。你在你的周围到处施加个人影响，使每个人在你面前都降低到儿女般的地位。他们不得不痛心疾首地承认自己的过失以及生命的卑微，而你却旁若无人地稳坐在父亲的高座上……在这种情况下，倘若有谁敢这样做，你肯定会这样问他——是谁得了神经症?"就连荣格的夫人埃玛也在给弗洛伊德的信中建议："别怀着父亲的感情去看待卡尔·荣格……应该像普通人对待一个人那样，他像你一样，也得按照自己的意愿去完成他想做的事情。"

1912 年 11 月，在荣格的提议下，两人见了一次面，并进行了长时间的交谈。谈话后，弗洛伊德感觉与荣格的矛盾已经解决，自己选中的"皇储"也放弃了任何想逊位的念头。不料，就在午餐快结束时，弗洛伊德又晕倒了，这是弗洛伊德在荣格面前的第二次晕倒。其原因在于：弗洛伊德无法面对荣格背叛自己的焦虑，再次出现"癔症性晕厥"。

1938 年，国际精神分析学会本来要召开大会，弗洛伊德和荣格也都准备要参会的，却因为"二战"的因素而被取消了。可以想象，如果两个人真的见面了，弗洛伊德还会晕倒的。

这一分析，也是弗洛伊德倡导的洞察力表现。①

［案例 3-9］

心理咨询诊断与治疗报告书

保密　　　　　　　　　　　　　　　　　　　　　　　　　　编码：005

填写时间：　　年　　月　　日

姓名	Terry	代号		性别	男	年龄	17	班级	高一
学习情况	很好/较好/一般/较差/差	联系电话		咨询经历	①②有（咨询次数：6（50 分钟一次） 地点：________咨询师：________				

① 荣格.《荣格文集》[M]. 冯川，译. 北京：改革出版社，1997.

（续）

<table>
<tr><td colspan="2" rowspan="2">父亲年龄：（45）健在/去世　职业：企业家
学历：大学
母亲年龄：（44）健在/去世　职业：家庭妇女</td><td colspan="5">父母婚姻状况</td></tr>
<tr><td>好</td><td>一般</td><td>差</td><td>离婚</td><td>再婚</td></tr>
<tr><td colspan="7">接受咨询的直接原因：
Terry 因为与父母冲突及有学习压力，休学在家，被父母帮来接受咨询。</td></tr>
<tr><td colspan="7">希望的咨询目标：
Terry 及其父母都希望在接受咨询后，可以复学，并缓解家庭的冲突与矛盾。</td></tr>
<tr><td>咨询判断</td><td colspan="6">Terry，男，17 岁，在南方某大城市生活，高一学生。他因为无法适应学习压力及与父母的冲突而休学在家达一年之久，其间接受精神科大夫治疗 8 个月。在过去的 5 个月里，我给他做了 8 次治疗，下面是我对他的情况的总结。
Terry 的心理问题判断
（1）Terry 的行为问题表现
抗拒权威：对权威人物十分抗拒、反叛，不能接受指令性活语；
同性恋倾向：对同性者有好感，愿意亲近，有性幻想；
纠缠过去：对于过去发生过的不利事件，纠缠不休，年年不忘；
做事追求完美：为人处世颇为僵化，不善灵活处理，追求细节完美；
喜欢接近女孩：喜欢亲近女孩。觉得她们很单纯，不必谈论性话题。
总之，Terry 对权威人士颇为反叛，对弱者非常关注。
（2）Terry 问题的心理分析
缺乏安全感：在成长经历中，有许多关爱挫败体验，对重要的人缺乏信任感；
缺乏自信：看待自己十分低落，就是自己的长项也不愿、不善表露；
完美主义倾向：对人对己十分苛求，做事中因为一点儿小错就会全盘否定；
人格解体：由于长期休闲在家，又一直在用药，所以性格有了很大变化；
颇有恋母倾向：愿意接近女性，对母亲很依恋、依赖，并在行为中有所模仿。
总之，Terry 给人感觉很敏感、自卑，却十分渴望关注和理解。
（3）Terry 问题的心理诊断
从本质上讲，Terry 的行为问题是神经症的表现。但他的人格中有偏执型人格障碍的特点，这使得他在平常的待人处世中敏感、刻板，苛求完美，并不善于原谅自己。</td></tr>
<tr><td rowspan="4">咨询对策</td><td colspan="6">Terry 的治疗目标 1：
对于 lerry 的行为矫正与人格完善，我打算采取“认知疗法”，通过发现并调整非理性思维的突出表现，并通过正面鼓励与巧妙批评来一步一步地矫正他的不良行为，当中还涉及了“行为疗法”和“叙事疗法”的某些技巧。在这当中，我会贯彻以下的原则。</td></tr>
<tr><td colspan="6">（1）Terry 的治疗原则</td></tr>
<tr><td colspan="6">治疗原则　具体描述</td></tr>
<tr><td colspan="6">平等对话：对于 Terry 的不足表现要明确指出，但是在平等对话的基础上。
及时鼓励：对于 Terry 的进步表现要予以及时、有效的鼓励与肯定。
由情及理：在对 Terry 的教育中，要让他感到父母首先是关爱他的，再做进一步批评。
先软后硬：在对 Terry 的教育中，要先让他讲话，允许他提出不同意见，再做批评。
巧妙纠正：对于 Terry 的缺点表现要予以及时且灵活的批评与指正。
总之，对 Terry 的治疗，要以平等为基础，以理解为突破。</td></tr>
</table>

（续）

<table>
<tr><td rowspan="5">咨询对策</td><td colspan="2">（2）Terry 的优点表现</td></tr>
<tr><td colspan="2">优点表现　具体描述</td></tr>
<tr><td colspan="2">渴望他人肯定：十分渴望得到权威人物的肯定、鼓励、赞赏。
愿意付出努力：对于自己看重、在意的事情，愿意付出努力。
同情弱者：对于弱者，特别是小孩子与老人，容易表现出关注和同情心。
愿意表现自己：愿意在特定的情况下，表现自己的才华和能力。
不张扬自我：为人低调，不喜张扬自我，也讨厌夸夸其谈的人物。
人生有梦想：希望能开创自己的事业，并愿意为此付出努力。
做事有一定的韧性：对于自己在意的事情，有韧性并可以坚持努力。
总之，对 Terry 的优点予以适时、必要的肯定，会强化他完善自我的愿望。</td></tr>
<tr><td colspan="2">Terry 的治疗目标 2：
目标是“半年一小变，二年一大变”
在为 Terry 治疗的过程中，我与其父母要沟通商定，期望实现以下的长、短期目标。</td></tr>
<tr><td colspan="2">Terry 的治疗目标　具体目标达成</td></tr>
<tr><td rowspan="3"></td><td>一年一小变</td><td>能够控制情绪，不随意发作。
能够减少对过去的纠缠，能够积极看待他人。
能够调整人格，走出现在对药物的迷信。
能够在半年内回到学校，并跟上学习步骤。</td></tr>
<tr><td>二年一大变</td><td>能够完全控制情绪，不随意发作。
能够心平气和地看待自己和他人的过失。
能够找回当初的自我，继续学业的辉煌。
能够完成学业接受学校生活的节奏，完成学业要求。
能够培养自信，不再消极负面地看待自己与他人。</td></tr>
<tr><td colspan="2">总之，在近期内，能使 Terry 复学，是对他咨询成效的终极考核；而从长远来说，能使 Terry 学会情绪管理并强化自信，则是他自我完善的终极考核。</td></tr>
<tr><td rowspan="2">其他注意事项</td><td colspan="2">摆事实，讲道理：对于 Terry 的偏执想法，要以具体事实来反驳，而不是一概而论。
态度和蔼、语气坚定：在与 Terry 沟通中，态度要既不生硬粗暴，也不轻描淡写。
捕捉契机、一次说透：对于 Terry 的突出毛病，要抓住典型事例，严肃批评，一次说透。
换位思维、将心比心：对于 Terry 要多做同感练习，让他感受别人的刺痛。
就事论事，不设前提 对于 Terry 的不良做法，要就事论事，不牵连过去的事情。</td></tr>
<tr><td colspan="2">总之，与 Terry 沟通，一定要采取平等对话的模式，以强化 Terry 的自信与成长趋向。</td></tr>
</table>

第二节 心理咨询的同感共情技术

一、心理咨询同感共情的概念介绍

（一）同感共情的核心是感同身受

同感共情泛指咨询师能够准确体察、把握来访者的内心感受，而同感共情能力则指咨询师对同感共情的把握能力。同感共情能力既是心理咨询技术的核心概念，也是人本主义心理学的关键词语。同感共情（empathy）的英文本义，是指一种在理解的基础上对他人的情感与动机等心境的认同（dentification with and understanding of another's situation，feelings and motives），或者是一种能够体验到别人的情感与心情的能力。它传达出了咨询师对来访者内心世界的呼应或共鸣，是一种接近“无心之感”的意境。在这当中，同感共情者并不是以自己的感受来代替对方的感受，而是能够真实地感受到对方的感受，与对方共同拥有或分享某种情感。

奥地利著名心理学家阿尔弗雷德·阿德勒（Alfred Adler）早在20世纪20年代就指出，“所谓同感共情，就是咨询师穿上患者的鞋子（站在患者的立场上），来观察与感受患者的体验”（To stand in the shoes of the client to see and feel what the client is experiencing）。换言之，同感共情力就是咨询师能够准确体察、把握来访者的内心感受，产生思想共鸣的能力。它要求咨询师尽力以另一个人的思想与情感去感受、体会、反馈周围的人和事，以求得两个人之间的情感对焦与思维并轨。

在对“empathy”一词的翻译上，心理学者尚无明确的共识。在内地的主要心理咨询与治疗的书籍中，它通常被译作“共情”，但在某些普通心理学的工具书中，它又被译作“移情”“代人”“替代体验”等词。在台湾，“empathy”被译作“同理心”；在香港，被译作“同感共情”。在这里，选择使用“同感共情”一词，是认为该词语更能把握“empathy”的本义。

由此，心理咨询同感能力（therapeutic empathetic competence），就是要人学会从来访者的角度去思考问题，而不是用咨询师的角度去思考问题。这是一种对来访者情感体验的温暖而透彻的把握。其温暖来自咨询师的同情心，其透彻来自咨询师的专业知识与技巧。它可能源自咨询师本人的类似生活体验，也可能来自咨询师高超的洞察能力。

心理咨询大师卡尔·罗杰斯曾对同感共情有过这样的论述：同感共情的状

态，就是准确地并带有情绪成分和意义地感知其他人心中的“参考标准”，似乎你就是来访者，但绝不能丢掉“似乎”这个前提。因为它意味着像来访者那样感受伤痛或喜悦，像他那样察觉问题的诱因，但绝不放弃我“似乎”受到伤害或感到喜悦等的认知。

由此，心理咨询将同感共情当作其核心技术，就是因为同感共情是确立咨询关系的关键，也是维系咨询关系的纽带。如果心理咨询中没有同感共情的交流，就相当于医生看病没有听诊器。而同感共情的准确交流，不仅能让来访者感受到咨询师对他的真切关怀，也可激发来访者进一步探索自身的问题，学会自助独立。

［案例 3－10］

来访者：我觉得难过极了。他因为他的父母不同意我们的婚事而离开我，实在让我无法接受。

咨询师：男朋友因为父母不同意你们的婚事而放弃了这份感情，让你感到很伤心？

来访者：是啊，我不明白，为了这份感情，我做了那么多努力，结果……（轻声抽泣）难道我们的感情就那么脆弱吗？

咨询师：那么多的努力都没有什么结果，让你开始怀疑曾经的这份感情，觉得很迷茫。

来访者：刚开始的时候，我也没有什么信心，他长得比较帅，个子又高，我觉得自己配不上他。走在街上，总能感觉到别人不一样的目光。但是他说他不在乎这些，重要的是一个人的品质。我慢慢地也有了信心，就一心一意地对他好。后来，我去见了他的父母，就有了现在的事情，我不知道他竟能这样狠心地离开我……

咨询师：你从一开始没有信心到后来死心塌地地对他好，可是最后男朋友又因为父母的阻挠而决然地离开了你，这样的变化让你无法接受，你在心里有些怨恨他。

来访者：是啊，是挺狠心的，他为什么要这样对我……（痛苦地哭泣）难道他真的不爱我吗？还是父命难违……

点评：在此案例中，咨询师做到了很好的同感，来访者的负面情绪得到了较好的宣泄。

来访者能够感受到被接纳、被尊重，也开始更多地释放自己和自我探索。

拓展阅读

同感共情的力量

著名作家沈从文自1949年后就封笔挂靴，不再写作了。这对他来讲，其实是极为痛苦的决定。从那之后，他全力以赴，研究明清的服饰，成为“大家”。

改革开放后，一天沈老接受几位记者的采访，说起“文革”期间他曾打扫厕所，在场的一位年轻女记者动情地拥住他的肩膀说：“沈老，您真是受委屈了！”不想，这位83岁的老人竟当众抱着她的胳膊，号啕大哭起来，哭得就像个受了委屈的孩子一样，什么话都说不出来，只是不停地哭，所有人都惊呆了。

就心理学而言，沈老是被那个女记者点了同感共情的“穴位”，所以止不住地号啕大哭起来。

（二）同感共情的基础是价值中立

同感共情产生的基础是价值中立（taking a neutral stance）。所谓价值中立，指的是咨询师在咨询过程中要始终保持一种客观中立的态度，不对来访者个人及其思想行为作出是非好坏的价值评判，不把外在的价值观和价值标准强加给对方，而应由来访者自己作出价值判断和价值选择，进而最终自己解决问题。概括地说，价值中立的原则，就是要求咨询师对来访者个人及其思想行为不评价、不指责、不干涉。在同感共情的操作上，这叫作“判断抽离技巧”。

价值中立的基础是真诚。真诚就是要求咨询师在来访者面前不摆架子，不故作姿态，不以势压人，不自以为是。而对于来访者提出的各种疑问，咨询师也是能答多少就答多少，能帮多少就帮多少。不会因为咨询师的面子而不懂装懂，或强加于人，令来访者望而生畏，不敢讲实话、讲真话，终而影响辅导的顺利进展。

罗杰斯认为，每个人都有积极的、奋发向上的、自我实现的需要和成长的潜力。他认为只要提供给来访者合适的心理环境和氛围，给予来访者无条件的积极关注，就会使他们产生自我导向的行为，并最终成为自我实现的人。在罗杰斯看来，个人的自我概念一旦形成，就会产生被关怀、被肯定的需要。

所谓“关怀”，就是指受到那些重要他人的赞扬后所产生的一种情感。为了获得关怀，人们逐渐体验到了获得关怀是有条件的，这种条件被罗杰斯称为“价值条件”，只有个体的行为令他人满意时才会被关怀，而不能够令他人满意时将得不到关怀。因此，罗杰斯认为，心理失调的根源，就是因为个体为了获得他人的关怀，必须根据他人的意愿行动，并用他人的价值观来评价自己，被迫否认自己的经验系统，从而导致自我与经验发生强烈冲突，使之失去了真实的自我。

下面的案例呈现正确或错误的同感共情的案例，方便读者更好地体会这些注意事项。

［案例 3－11］

来访者：我觉得婆婆只想着她儿子，根本就不接纳我，所以我做什么都是错的。

咨询师 1：你觉得这完全是婆婆的问题吗？会不会跟你总是觉得别人不能接纳你有关系呢？（未能先表达对来访者的想法的接纳，直接指出其问题，容易让来访者产生阻抗。）

来访者：您不知道，她对我就是不接纳，我觉得不是我怎么认为的问题，她对我就是那样的态度。

［案例 3－12］

来访者：我觉得婆婆只想着她的儿子，根本就不接纳我，所以我做什么都是错的。

咨询师 2：婆婆这样对你，你的感受是怎样的呢？（先让来访者表达对此的情绪。）

来访者：我觉得很生气，她凭什么这样对我？

咨询师 2：对呀，还有呢？

来访者：还有就是她也不想一想，她这样做会让她儿子很为难的。

咨询师 2：对呀，这样会令他很为难的，还有呢？

来访者：还有就是她这样做，到头来对谁都不好的，因为我们已经有了孩子。

咨询师 2：对呀，你们已经有孩子啦，还有呢？

来访者：你太理解我了，要是我婆婆能这么理解我就好了。

点评：在案例 3－11 对话中，咨询师 1 没有耐心倾听对方讲话，就促使对方换位思维，因而引起了对方的反感；在案例 3－12 中，咨询师 2 鼓励对方多讲话，因而获得了对方的信任。

（三）罗杰斯论同感共情

罗杰斯在各种论述中始终对同感共情给予了高度重视，把同感共情看作是咨询师深入来访者的心灵世界、提供有效帮助的关键。他提出咨询师应该培养如下能力：

- 有能力与来访者全面沟通。
- 所作的回应都切合来访者想表达的意念。
- 平等看待所有来访者。
- 能够了解来访者的内心感受。
- 设法谋求了解来访者的内心感受。
- 掌握来访者的思路。
- 在语调上反映出他能体会来访者的内心感受。

简言之，在罗杰斯看来，同感共情是学会设身处地以另一个人的思想与情感去感受、体会周围的人和事物，它以真诚与平等待人为先决条件。

（四）其他心理学家论同感共情

美国著名心理学家，“现实疗法”的创始人威廉·格拉瑟（W. Glasser）也认为，人都有爱与被爱两种基本需求。如果它们不能得到满足，人就会产生焦虑、怨恨、自暴自弃等消极的情绪反应，并可能产生逃避现实、不负责任的欲望。而心理咨询的目标就在于减缓来访者不负责任与自我毁灭的意向。美国著名心理学家，自体心理学（self psychology）理论的创建者海因茨·科胡特（H. Kobut）也指出，同感共情的核心在于为来访者提供“矫正情感体验”。在咨询中，治疗师需要创造一种氛围，使来访者以前被埋没的自我得以浮现，受到接纳，并被整合。达到这个目的的途径就是让来访者知道，他们看待自己和世界的方式“并没有受到批评，从他们自己特殊的个人发展史出发，他们的方式是最有可能被接受的方式”。

所以，在心理咨询中保持价值中立，就是给予来访者无条件关怀、肯定、鼓励和赏识；而咨询师保持价值中立，也会敦促来访者更好地反省自我，激励自我。

二、心理咨询同感共情技术的层次理论

（一）卡可夫的同感共情层次理论

美国著名心理咨询专家卡可夫（Robert R. Carkhuff）将同感共情划分为两种形式——初级同感共情（primary empathy）和高级同感共情（advanced empathy）。具体地说，初级同感共情主要是通过沟通来实现对来访者形成一种基本的理解、认识，知道对方的感受是什么，以及这种感受下的体验和行为是什么。初级同感共情会有助于与来访者建立良好的关系，获取咨询所需要的信息和资料，并对有关问题加以澄清。高级同感共情则意味着咨询师不仅可以

对来访者的表述作出反应，而且可以对那些隐含的、未完成的表达作出准确的反应。

换言之，当咨询师能够与来访者有效沟通，并能设身处地从对方的角度去感受其内心世界时，他就满足了初级同感共情的要求；当咨询师能够有效控制自我的同感共情反应，能够在自我的感受与来访者的感受之间“来去自由”，那他就满足了高级同感共情的要求。而依照卡可夫的理论，高级同感共情即“可以使自己进入别人的内心世界中，并仍然知道自己可以随时返回到自己的世界中，自己所感受到的每一件事情都是‘假设’的”。这就好比咨询师在人际沟通的舞池中，一边当教练，一边与来访者共舞，学会用自己的“第三只眼”去观看或“第三只耳朵”去聆听、感受来访者话语的表层信息和深层含义。

此外，卡可夫还将咨沟师的同感共情反应划分为 5 个层次。

层次一：咨询师的言语表达与来访者的表达毫无联系，无任何意义。

层次二：咨询师对来访者的表达反应时，忽略或轻视了那些值得注意的情感因素。

层次三：咨询师对来访者的表达作出的反应，基本上可以与来访者互换。

层次四：咨询师教来访者可以在更高的层饮上作出反应，并关注了那些值得重视的信息。

层次五：咨询师的反应比来访者自身反应更准确，并能揭示尚未认识到的信息所包含的深刻含义。

在卡可夫看来，层次一、二的同感共情反应只会对咨询关系起到破坏作用；层次三的同感共情反应则可以称得上是初级同感共情；层次四、五的同感共情反应提出了“值得注意的”和“有意义的”问题，因而可以称得上是高级同感共情。表 3-25 展示了同感共情的 5 个层次的表现及其示范。怎样回应一个学习落后者见表 3-26。

表 3-25　同感共情表达的层次

层次	同感共情的内容
层次一	对来访者的话语没有理解，没有指导。咨询师的反应是一个提问、否认，安慰或建议
层次二	对来访者的话语没有理解，但有一些指导，咨询师的反应是只注重信息的内容，而忽略了情感
层次三	对来访者的话语有所理解，但没有指导，同时咨询师对内容、意义或者情感都作出反应

（续）

层次	同感共情的内容
层次四	对来访者的话语既有理解，又有指导。咨询师对来访者作出了情感反应，并指出对方的不足
层次五	对来访者的话语兼具理解、指导和行动。咨询师对 4 个层次的内容均作出了适当的反应，并提供了行动措施

［案例 3－13］

表 3－26　怎样回应一个学习落后者

咨询对话	语境分析
来访者：我的成绩越来越差了，整天昏昏沉沉的，做什么事情都没有兴趣，和周围同学的关系也不怎么样，什么都一团糟。	
咨询师反馈 1：听起来，你现在的情绪非常低落，好像世界都是灰色的。	同感共情到位
咨询师反馈 2：这么说，你现在的情络似乎不太好。	同感共情不到位，情绪反应也不够具体
咨询师反馈 3：这很平常啊，很多大学生都有你这种感觉，这有什么了不起的。	同感共情完全不到位，令人感觉十分冷漠

（二）勒纳德的同感共情层次理论

美国著名心理咨询专家勒纳德（Barrett Lenard）提出了“同感共情循环”理论，就同感共情的表达分了 5 个递进式的步骤，其具体内容如下。

步骤一：同感共情趋向——咨询师对来访者的倾诉作积极的参与、接纳与肯定。

步骤二：同感共情共鸣——咨询师对来访者的倾诉作直接或者间接的同感共情交流，以求共鸣。

步骤三：表达同感共情——咨询师对来访者的倾诉明确表达或交流其意识感受。

步骤四：接受同感共情——来访者专心接受咨询，以形成一种对咨询师即刻理解的感觉或知觉。

步骤五：同感共情循环继续——来访者继续或者重新开始以这种方式来进行自我表达，这种方式可以向咨询师提供有关同感共情反应的准确性以及治疗关系的反馈。

在这一同感共情循环的过程中，同感共情被看作一种过程，它包括咨询师行为中那些有意识、有目的的行为。一方面，如果咨询师对来访者的表达作出了某种程度的“趋向”和“同感共情”性的反应（即步骤一、二），那么咨询师正处于一种与来访者的良好同感共情中；另一方面，“被接受”的同感共情体验将给来访者带来极大的鼓舞（即步骤四）。

勒纳德强调，心理咨询作为一个持续的过程，在不同阶段对同感共情技术的运用有着不同的要求。指导同感共情技术运用的基本原则，就是领悟“有意义的信息”以及对咨询关系的促进。在心理咨询的后期阶段，咨询师可以用更尖锐的方式来表达同感共情，因为这时的咨询关系已经相当稳固了，来访者知道咨询师已经听懂了自己。但在咨询的初期阶段，来访者多是小心翼翼地建立起对咨询师的信任，他们的话语大都含有潜在意义，与你所看到的或听到的可能会相去甚远。但无论在咨询的哪个阶段，无论是咨询师非常了解的人还是刚刚认识的人，都必须作出最有效的、准确的同感共情反应，并要使来访者体会到自己被深深地理解了（表 3－27）。

来访者：我与父亲的关系很僵，他对我太严厉了。

表 3－27 是咨询师的回应。

表 3－27　同感共情表达的 5 个层次表现

同感共情层次	同感共情话语	内容分析
层次一	这很常见啊。	没有尊重对方的感受
	这有什么了不起的。	没有体察对方的挫败感
	我与我父亲的关系也很僵。	试图安慰对方，但不得要领
层次二	你应该多理解你父亲。	没有尊重、体察对方的感觉
	你应该主动与你父亲沟通。	没有提出有针对性的建议
	你应该好好想一想背后的原因。	试图建议对方，但不得要领
层次三	你对此感到很沮丧。	尊重对方的感受
	你似乎在自责。	希望继续聆听对方
	听得出，你想改进与父亲的关系。	没有指责任何一方
层次四	你感到无法接近父亲，所以很有挫败感，是吗？	尊重对方的感受没有指责任何一方
	你希望父亲更宽容你，所以你们可以相互接受，是吗？	邀请对方澄清想法
层次五	你感到无法接近父亲，所以很有挫败感，能告诉我你都做过什么努力吗？	尊重对方的感受 邀请对方澄清想法 提出努力的方向

（三）同感共情的演变

英文中的“empathy”是由德文的翻译而来的。19 世纪 70 年代，心理学先驱洛采（Rudolf H. Lotze）和冯特（Wilhelm M. Wundt）首先提出这个概念。后来，冯特的学生铁钦纳在 1910 年把德文翻译成为英文的 empathy。冯特的另一个学生立普斯则认为，“当我们认识某一对象的时候，能够设身处地地感觉或感受到被认识的对象，就是所谓的‘同感共情’”。

同感共情作为早期的心理学专业概念，强调了新旧经验结合后所产生的经验统觉，认为同感共情就是当我们自身的经验（旧的经验）与被认识对象（新的经验）结合起来，或是将整个情境中不同刺激联结起来所产生的新的经验。

（四）同感共情的唤醒作用

同感共情的目的还在于唤醒（evocation）来访者的经验与潜能，并通过解释（interpretation）使来访者获得一些有意义的信息，再对问题要作出必要的说明、诠释，以对来访者施加影响。换言之，同感共情就是唤醒来访者去发现真实的自我，准确地了解自己的内心感受，并知道自己有能力发现自我。

美国心理学家赖斯（Rice）认为，唤醒与解释是两个不同的概念，尽管一个“好的”解释和一个“好的”唤醒看起来是非常相似的，但它们的目的是不同的。解释旨在提出各种内容或事件之间新的联结或逻辑关系，提供新的总结经验的方式；而唤醒则是为了打开来访者封闭的内心世界，为来访者提供一个对自己已有经验更为准确的解释。

拓展阅读

同感共情的治疗作用

掌管天宫的皇后伊南娜（Inanna）听到她的妹妹地宫皇后艾瑞斯克欧（Ereshkigal）痛苦地呻吟，决定前去地狱探望她的妹妹。她要经过狭窄的七重门，而每经过一重门，她必须脱去一件衣服，所以，当她走到她妹妹的面前时，已经是赤裸裸的，而且失去了力量。歇斯底里的艾瑞斯克欧，以其盛怒接待伊南娜，夺去了她生命的气息，并将其变为僵尸。

3 天之后，不见伊南娜返回，她的忠实的仆人尼苏伯四处寻求帮助。最后，智慧与水神恩基（Enki）用其指甲里面的泥垢做了两个非男非女的小人，派他们把生命的食粮和生命之水送给伊南娜。

这两个“使者”不知不觉来到了地宫，发现艾瑞斯克欧赤裸地躺在床上，头发散乱，语无伦次地呻吟着：“呜……呜……我的里面啊！

受命于恩基的两个“使者”，用同样的语气呻吟着：“呜……呜……你的里面啊！”

艾瑞斯克欧又大声地叫唤着：“呜呜呜……呜呜呜……我的外面啊！”

两个“使者”同样回应着：“呜呜呜……呜呜呜……你的外面啊！”

艾瑞斯克欧继续呻吟与呼叫着，两个“使者”也同样回应着她的痛……就这样，直到艾瑞斯克欧内心变得平静，停止了痛苦与呻吟。后来，康复了的艾瑞斯克欧要答谢这两位帮助过她的小人。两个“使者”要回了伊南娜的尸体，用生命之水救活了她，并与她一起重返人间。

三、心理咨询同感共情的操作技巧

关于什么是心理咨询同感共情的工作程序，弗洛伊德当年非常强调宣泄与解析的作用。20 世纪 60 年代至 80 年代，罗杰斯则十分强调真诚与无条件接受的作用，并强调同感共情的态度大于同感共情的技巧。到了后来，美国著名心理咨询专家帕特森（C. Patterson）和艾森伯格（Eisenberg）细化罗杰斯的做法，列举出了一系列同感共情的引导技术，如沉默、接受、复述、澄清、赞同、解释、保证、指示等。这些技巧的强度不同，使用的时机也不尽相同。其中沉默、接受、重复等弱度引导行为通常在咨询的最初阶段使用，而解析、指示等则多用于咨询后期。

（一）同感共情的操作技巧

咨询师欲提高自己的同感共情能力，需主要修炼以下 4 项同感共情技巧专注技巧、镜射技巧、判断抽离技巧、具体化技巧。

1. 专注技巧

专注技巧（attending skill）就是指咨询师全心全意地关注来访者的态度与技巧。它力图给来访者传递“他与我同在”“他在专心地陪伴我”的信息，这无疑会给来访者带来极大的心理支持，增强其面对困难的勇气和信心。心理咨询过程包括理性和情绪两个部分，其中许多有意义的信息来自来访者的情绪或经验部分，涉及令来访者感到最烦恼的东西。咨询师要想与来访者建立同感共情，最重要的途径之一就是要“听到”来访者话语中的种种情绪暗示，而这一切只有通过专注技巧才能得以实现（表 3-28）。

表 3-28 专注技巧注意事项

注意要点	具体描述
面向来访者	面向来访者（facing the client）就是指咨询师要以一种参与的态度面对来访者，这意味着“我愿意听你讲话”“我愿意帮助你”“我愿意留在这儿陪你”
上身前倾	上身前倾（leaning forward）就是指咨询师坐在椅子上，上身略微前倾。前倾的姿势意味着“我对你和你说的话感兴趣”“我对你是友好的”。开放的姿势，注意双手要放开，而不是抱住双肩
目光交流	目光交流（remaining eye contact）就是指咨询师要与来访者保持稳定、坦诚的目光交流，而不是眼睛盯在别处或四处巡视。主动倾听是指咨询师积极地运用视听觉器官去搜集来访者信息的活动。专注与倾听是不可分开的，是同种行为的不同侧面
主动聆听	主动聆听（active listening）就是指咨询师要在会谈中主动回应来访者。心理咨询中的倾听有被动和主动之分，其中被动的倾听指咨询师只是木然地听来访者讲话，不作或很少作同感共情回应，这样会令来访者不确定你是否在听他讲话，而主动的聆听则是不断回应来访者，已明确他的意思。值得强调的是，这种主动回应与插话是不同的，两者的区别在于前者是跟着对方的感觉走，不断澄清对方要讲的话语，而后者则是跟着自己的感觉走，不断讲自己想讲的话语
观察身体语言	观察身体语言（observing body language）就是指咨询师要在说话时注意来访者的身体语言，如其表情、手势、动作等。相较于有声语言，身体语言在传递信息方面有更大的优势，如身体语言可以独立传递信息，从来访者双腿不停抖动的动作中就可以知道来访者内心的紧张和不安。而且，身体语言还可以起到戳穿有声语言伪装的作用
解读话外音	解读话外音（looking ior undersaid messages）就是指咨询师要在倾听来访者说话时，解读其画外音，这包括他的情感、认知、行为的潜在动机与潜意识驱动。在这当中，咨询师除了需要用眼睛观察来访者的身体语言，用耳朵倾听他的话语信息，还要用大脑去迅速判断其画外音，解读潜台词

值得强调的是，在“主动聆听”与“被动聆听”之间并没有一个清晰的临界点，因此需要咨询师根据自己的实践经验来对两种模型予以灵活的运用。如果咨询师不能充分地主动聆听，则会使来访者感到压抑、威胁，进而诱发他们的阻抗（如在未涉及实质问题之前就对来访者提出喋喋不休的劝告）；但咨询师总是被动聆听，则会让来访者由着自己的兴致漫无边际地瞎聊，这样做会迷失咨询的方向，无法找到解决问题的关键点，进而使咨询找不到方向。因此，咨询师要灵活把握聆听的尺度，以达到最佳的同感共情效果。诚如美国心理咨询专家贝特曼和岳冬梅所言，“对来访者的倾听可以理解为一个连续体：一端是在治疗初期认真倾听，包括倾听每一个细节，以便更加了解患者的病史……

另一端是根本就不去听，治疗师关注自身的内在思想和感受或房间里的其他事物，甚至像闹钟、噪声或坐在椅子上的舒适程度都能干扰治疗师的倾听”。

2. 镜射技巧

镜射技巧（mirroring skill）就是指咨询师要对来访者说话中反射出的情绪作积极的言语或体语回应，达到一致化。就如当一个人在照镜子时，他的一举一动都会在镜子面前反射出来，同感共情的镜射技巧也要求咨询师对来访者的情绪反应作及时的反馈回应。这种回应包括言语和体验两个方面。表 3-29 展示了镜射技巧的运用。

表 3-29 镜射技巧的运用

来访者话语	咨询师言语镜射	咨询师体语镜射
我恨我爸爸，他总是把他的想法强加给我	你受了很多的委屈 你希望得到他的尊重	面露伤感
我没有一天不思念我去世的妻子，我欠她太多太多（此时低下头来）	你希望她能够回到你的身边	面露伤感，沉默片刻
我这次考试得了满分，这是我从未有过的	我真是替你开心啊	面露喜悦
我才不在乎他怎么想的，他什么时候在乎过我	你希望他在乎你	面色平常

3. 判断抽离技巧

判断抽离技巧（judgment refraining skill）就是指咨询师要在谈话中，尽量走出自我的参照框架，进入对方的内心世界，不对来访者的非理性思维作简单的是非评断。由此，判断抽离技巧是同感共情的具体实施，其目的在于与来访者“将心比心”，以尊重换信任，以理解促反思，终而帮助他认识、反思并摆脱其非理性思维与习惯。表 3-30 展示了判断抽离技巧的运用。

表 3-30 判断抽离技巧的运用

来访者话语	咨询师判断呈现	咨询师判断抽离
我恨我妈妈，她总是强迫我做我不愿意做的事情	你怎么可以恨你妈妈呢？不管怎样，她也是你妈妈呀	你觉得你妈妈一直不够尊重你
我觉得马加爵杀人是有道理的，谁叫那几个同学在背后议论他呢	那几个同学在背后议论马加爵是没道理的，但马加爵杀人也是绝对没有道理的	你能够理解马加爵背后被人议论的挫败感

（续）

来访者话语	咨询师判断呈现	咨询师判断抽离
我这次考试得了高分，因为我偷抄了旁边那位同学的答案	偷抄是可耻的，虽然你得了高分	你对自己没有信心
我想退学，这样学下去一点儿意义都没有	退学是懦弱的表现	你对学习没有兴趣

除此之外，咨询师还应在判断抽离技巧的运用中注意以下几点。

● 避免讲令人泄气的话语：如“你咋这么蠢”“别再说了”等。

● 赞扬来访者的努力：如“你已经尽了最大努力”等。

● 接纳当事人，而非错怪：如“不管你有过什么极端的念头，你并没有去实施，这点很重要”。

● 表现对来访者的信赖：如“我感谢你来找我做咨询”“我感谢你对我的信任”等。

● 鼓励来访者在错误中学习：如“你来找我做咨询，就表明你想自我成长，这很重要”等。

4. 具体化技巧

具体化技巧（concrete discussion skill）就是指咨询师要在与来访者的交谈中，不断要求他具体描述、谈论对某人、某事的看法与感受。例如，针对来访者的叙述，咨询师可多问“你可否说得具体些”或“你可否举个例子”之类的问题来帮助来访者理清思路。此外，不要对来访者的话语做是非判断，少说“你怎么可以那么想”或“你想得太多了”之类的话，而是鼓励来访者多做自我分析。表 3-31 展示了具体化技巧的运用。

表 3-31　具体化技巧的运用

技巧表现	特点描述	事例说明
举例说明法	针对来访者的叙述，邀请对方深入展开，或举例说明，来帮助来访者理清思路。	你说你人际关系不好，可否举出一两个事例？ 你可否说得具体些？
查问深入法	针对来访者的叙述，提出问题，邀请对方进一步说明。	你说你人际关系不好，请问指哪个方面？
适当沉默法	不要对来访者的话语作是非判断，而是鼓励来访者多作自我分析。	少说“你怎么可以那么想”或“你想得太多了”。
邀谈感受法	针对来访者的叙述，邀请对方谈论其感受与情绪，来促进来访者宣泄情绪。	你说你人际关系不好，可否谈一谈你具体的感受？

最后，咨询师要区分“引导”模式或“跟随”模式。在某些情形下，一方面，咨询师需要跟随来访者，因为在没有确立讨论主题之前，咨询师是没有发言权的；另一方面，咨询师与来访者一旦确立了讨论的主题，就需要加强对来访者进行引导，让讨论停留在某个价值点上，并对来访者所讲述内容的真正含义作出更多的了解，使讨论更为有效。

拓展阅读

赵姨娘不善解人意讨人嫌①

在大观园中，宝钗可以算得上是最得人心之人，因孝顺懂事而被长辈喜爱，因真挚友爱而得平辈信赖，因体贴周到而获下人敬爱。对比宝钗，赵姨娘可算得上是最讨人嫌的角色了，不仅当家的看不惯她，小厮、丫头不服她，连亲生女儿也不愿理睬她，在贾府中，一直处于半个主子这般不尴不尬的境地。

赵姨娘心思狠毒，不安于现状，妄想夺权，无人愿意与她往来。第二十五回中，赵姨娘与马道婆合计设“魇魔法”施“五鬼计”毒害凤姐、宝玉。宝玉昏昏若死，贾母早伤心至极。赵姨娘却从旁劝贾母道：“老太太也不必过于悲痛，哥儿已是不中用了，不如把哥儿的衣服穿好，让他早些回去，也免些苦；只管舍不得他，这口气不断，他在那世里也受罪不安……”话没说完，就被贾母唾骂得狗血喷头，真是可笑可怜。第三十三回中，赵姨娘更是挑唆贾环去告状，说宝玉奸淫金钏儿而导致了其跳井，惹得贾政狠狠打了宝玉一顿，引得王夫人、贾母悲痛欲绝。

赵姨娘的这等心思，贾母王夫人怎么能容忍得下？因而赵姨娘在贾府并无主人的地位。

赵姨娘自私自利，不仅不为别人考虑，反而反咬一口。探春曾劝慰赵姨娘“何苦自己不尊重，大吆小喝失了体统”，赵姨娘却反咬一口，指责探春“你只顾讨老太太的疼就把我们忘了”“谁叫你拉扯别人去了？你不当家我也不来问你”。可怜探春一片好心不被理解，反而落得个被羞辱的下场，这面子上的亲情也被赵姨娘亲手撕毁了。探春只得狠心道：“谁和我好，我就和谁好，什么偏的庶的，我也不知道。”

赵姨娘的所作所为，可谓搬起石头砸自己的脚，落得个里外不是人，不仅

① 岳晓东．《红楼梦人物心理分析与情感世界》[M]. 北京：机械工业出版社，2012.

丧失了自己的地位和尊严，连带着仅有的亲情也被毁了。

（二）相关知识

1. 咨询师与来访者的表情互动

咨询师与来访者之间的互动主要包括语言、行为、表情3个方面，其中表情互动往往为咨询师所忽视。在表情互动之中，非言语行为能够提供更多的用言语无法清楚表达的内容。一般而言，非言语行为有几个目的，包括交流情感、调整对话、强调信息，提示人们不曾表露的内心想法和感受的线索。

因此，一名杰出的心理咨询师应该能够辨认非言语行为。

- 身体语言（姿势、手势、动作）。
- 面部表情（微笑、皱眉、咬唇）。
- 与声音相关（语调、音量、强度、抑扬顿挫、语句的间隙、停顿、流畅性）。
- 能观察到的生理反应（脸红、呼吸急促、瞳孔扩大、脸色苍白）。
- 生理特征（身材、体重、肤色）。
- 外貌（装饰、打扮）。

值得注意的是，在表情互动中，具有传递信息、交流情感、表达意向作用的眼睛，其表现力和感染力是绝不可忽视的。敏感的来访者完全能从眼睛这扇窗户中捕捉到咨询师的心态。其中自然、亲切、友善、温暖的目光，能够充分消除来访者的紧张情绪，帮助他逐步敞开心扉。对于内向型来访者，咨询师的目光应该饱含着期望和信任，同时投之以微笑，用目光鼓励对方。

反之，如果咨询师的眼睛低垂，情绪冷漠，说明他无法与来访者产生情感上的共鸣。这个时候，咨询师应该意识到来访者其实也一直在观察咨询师的非言语行为。大多数的来访者能够意识到咨询师是否完全进入咨询状态。如果咨询师采取非关注的态度，会使来访者不能够完全敞开心扉，从而会导致来访者不信任咨询师并阻碍治疗的进行。如果咨询师一味对来访者说“你所说的对我很重要”，却没有看着对方或者心不在焉，就会传递出与他所说内容完全相反的信息。

2. 伊根的SOLER贯注技巧

专注技巧既表现为言语上的专注，也表现为体语上的专注。在这当中，咨询师可参考美国著名心理咨询专家伊根（G. Egan）的SOLER贯注技巧（Beitman & Yue，2008）（表3-32）。

表 3-32　伊根的 SOLER 贯注技巧

英文表述	中文翻译	具体说明
Sit Squarely	成直角入座	采取这个坐姿可以让来访者感觉到你很关注他。谈话时，如果你的身体远离对方，将会使来访者觉得你并没有融入谈话之中
Be Open	姿势开放	腿的交叉和手臂的交叉要特别注意，因为它们会提示你并不是很关注来访者和他所说的
Lean Forward	略微前倾	身体前倾代表你对对方很感兴趣，而后倾则代表相反的意思，表明你很厌恶对方，不愿意做听众
Eye Contact	目光接触	目光接触表明你感兴趣，你很愿意听；如果盯着对方，则会使他觉得不舒服
Feel Relaxed	适当放松	姿态放松会让来访者感到惬意

[案例 3-14]

案例 3-14 见表 3-33。

表 3-33　怎样回应一个下岗者

咨询对话	语境分析
来访者：我下岗 3 个月了，没钱挣，别人看不起，任劳任怨干了这么多年，公司说不要就不要了，哪有这种事儿！	
咨询师 1：你因为下岗的事感觉很愤怒，也很沮丧。放在任何人身上都会接受不了的。	同感共情表达准确
咨询师 2：你给人感觉很愤怒，也很沮丧，难以接受这个现实。	同感共情表达不够足，不应该用"给人感觉"这样的字眼
咨询师 3：唉，这年头下岗的人太多了。叫人怎么活得了？	情感反应表达失误，不应该用调侃的口吻说话
来访者：当听到下岗名单中有我时，我心里火大了，差点儿冲到办公室跟人吵架，后来同事把我拉住了。	
咨询师 1：你对下岗的事情感觉很生气，这完全是人之常情。	同感共情表达准确
咨询师 2：你对下岗的事情感觉有些生气，也有些不理解。	同感共情表达不足，不应该用"不理解"的字眼
咨询师 3：从你的话语中，我感觉你认为公司对你很不公平，但你有没有想过，公司为什么会让你走？	同感共情表达失误，不应该迫使来访者立即替公司着想

（续）

咨询对话	语境分析
来访者：不是有些生气，而是非常生气。	来访者觉得自己得不到充分理解，咨询师无法确切理解自己的情绪激烈程度，可能会阻碍咨询的进程
咨询师1：对，的确令人很生气。	同感共情表达准确
咨询师2：听你这么说，我感觉你认为公司的决定很不公平，令你无法接受。	同感共情表达准确不足，不应该说"你认为"
咨询师3：算了，东方不亮西方亮，干啥这么认死理与公司过不去，再说公司也是没办法的	同感共情表达失误，不应该以指责的口吻说教来访者，况且你也不了解真实情况

四、心理咨询同感共情的"是"与"不是"

（一）同感共情的特征

1. 心理咨询同感共情是什么

（1）同感共情是平等的

同感共情是平等的（empathy is of equal relationship），这是因为心理咨询的关系是平等的关系，而非权威的关系。其中平等是尊重、理解、中立、客观的保障。心理咨询关系一旦变成了权威关系（如医患关系、师生关系），来访者就需要或期望接受咨询师的指导，这就违背了心理咨询"助人自助"的原则。由此，咨询师要在同感共情实践中培养、完善自己平等待人的能力，并加以真情表露。

［案例3-15］

来访者：我妈总是管我很严。放学也要我固定时间到家，放假不能出去玩。真是憋得我透不过气了。

咨询师：嗯，看来你妈真是管你管得太严了。

点评：在这个案例中，咨询师的回应没有进入来访者的世界里，只是简单地同意来访者的看法。

（2）同感共情是互动的

同感共情是互动的（empathy is interactive），这是因为同感共情是在互动交流中表现的。这种交流需要咨询师敏锐地观察来访者的内心冲突与变化，并时刻作出相应的回应，以极大强化来访者的主述欲望。由此，咨有师要在同感共情实践中学会主动回应，及时反馈，用心伴随来访者。

[案例3-16]

来访者：我是班里最优秀的。在新班主任来之前，我一直是班长、三好学生！可是，新班主任来做的第一件事就是把我撤职！在班里重选班委，我竟然以悬殊的票数落选。

咨询师：哦，真让人同情。新老师怎么会这样对你？太不公平了。

点评：此案例中的咨询师只是从自己的角度去看来访者的痛苦，同情他，觉得他很可怜，而不是从平等的角度体会来访者的心情。

(3) 同感共情是真诚的

同感共情是真诚的（empathy is genuine），这是因为同感共情要求咨询师能够真情实意地进入来访者的内心世界，以设身处地地感受其喜怒哀乐。如果同感共情中没有真诚，就相当于大自然中没有空气，世间一切将由此变得苍白无力，生机全无。由此，咨询师要在同感共情实践中，学会真诚待人，实话实说，以博得来访者的信任。

[案例3-17]

来访者：最近我总是觉得浑身没劲儿，真是难受极了。

咨询师：哦，你觉得浑身没劲儿，难受极了。

来访者：也不知道这是怎么了。

咨询师：哦，你也不知道这是怎么了。

来访者：你说我该怎么办呢？

咨询师：你该怎么……

罗杰斯曾经说过“重复就是力量”，但是如果只是机械地重复来访者的话，既没有站在来访者的立场感同身受，也没有帮助来访者进行自我探索，这样的重复是不能达到同感的效果的。

(4) 同感共情是多方位的

同感共情是多方位的（empathy is multi-dimensional），这是因为同感共情交流中既有言语的交流，也有体语的交流。其中言语的交流包括谈话的语气、语调及措辞等，体语的交流包括谈话时的面部表情、坐姿、手势等，这一切都应该协调一致，传达着同感共情的信息。而如果咨询师一边与来访者说话，一边在看表、梳头发、目视他方等，就会给来访者以心口不一、心不在焉的感觉。由此，咨询师要在同感共情实践中，不断克服自己的种种口头禅与小毛病，给来访者最全神贯注的感觉。

总之，同感共情的目的在于帮助来访者敞开自己的内心世界，心理不设防，以正视自己的力量与不足，发现自身的非理性思维方式，最终有效地调整。对此，罗杰斯曾指出："治疗师必须具有一种特殊的感应能力，能准确地感受到当事人的个人经验，并能体会到当事人所表达的内容。只要进行得顺利，治疗师不但能够进入当事人的内心世界，去了解他所要澄清的各项意义，甚至在下意识里就对情况一目了然。"

想一想：看看下面的对话中，咨询师在交流中进行了什么样的反应，并进行选择。

来访者：班上秩序不好，老师怪我不负责，要我把不守规矩的同学名单报给他，可是那些同学受处罚后都骂我"多管闲事，马屁精"。我到底该怎么办啊？

咨询师 1：你夹在老师和同学之间左右为难，觉得不管怎么做老师和同学都会怪你。

咨询师 2：真是太让你为难了，这样在班里待着多难受！

咨询师 3：是呀，老师和同学都这么对你真是不好办啊！

参考答案：第一位咨询师对来访者做到了同感，反映了来访者左右为难的感受；第二位咨询师表达的是咨询师对来访者的同情，并非同感；第三位咨询师表示同意来访者的观点。

2. 同感共情"不是"什么

(1) 同感共情不是同意

同感共情不是同意（empathy is not agreement），两者的本质区别在于前者是对来访者内心感受的深刻理解与尊重，而非对方想法和理念的完全接受；后者是对来访者的思想的完全认同。在心理咨询中表现同感共情，是为了"将心比心"，以尊重换信任，以理解促反思。由此，咨询师应在同感共情实践中学会接受来访者，而不是认可他的某些非理性想法。

(2) 同感共情不是同情

同感共情不是同情（empathy is not sympathy），两者的本质差别在于：前者是一种主位似的反应，它包含了对来访者处境的怜悯，是一种居高临下的、恩赐似的反应；而后者则是客位似的，完全从对方的角度看问题的反应，因而是平等的、共鸣似的反应。由此，咨询师在同感共情实践中切忌流露出悲天悯人的态度。

(3) 同感共情不是移情

同感共情不是移情（empathy is not transference），在心理学上，移情泛指个人把自己对以往生活中重要人物、事件及东西的爱与很投射到另一个相关人物、事件及东西的意向。

同感共情与移情的本质区别在于：前者是一种平等、中立、公正的情绪反应，而后者则带有个人的偏见、偏好或是情绪指向。由此，咨询师要在同感共情实践中警惕自己的移情表现，不要将自己的想法强加在来访者身上。

(4) 同感共情不是热情

同感共情不是热情（empathy is not simple kindness），两者的本质区别在于：前者是一种冷静、理性、温情的情绪反应，而后者则可能表现出过多的主动与主观。由此，咨询师在同感共情实践中切忌表现得过分主动、热情，那样会令来访者感觉不适，望而生畏。

总之，同感共情是心理咨询的入门功夫，它需要咨询师在谈话中表现得淡定自如、衷心诚恳。这就需要咨询师在实践中不断地磨炼反省自我，磨炼自我，以渐入佳境，娴熟把握。此外，同感共情并不意味着满足当事人的情感与要求，只是意味着给他提供一个安全的、支持性的环境，接纳其人，而非其事。

有必要强调的是，在日常生活中，同感共情突出表现为善解人意。而善解人意者必善接话茬儿，也就是说，当别人说了上半句话，你可以准确无误地说出下半句话，令人有“你中有我，我中有你”的感受。此外，善解人意者还善替对方者想，甚至连对方想不到的地方也能想到，令人充分感受到什么是“心有灵犀一点通”。所有这一切，都是同感共情在日常生活中的运用，它可以说是人生的智慧表现。

(二) 相关知识：注意同感疲劳

当咨询师在与来访者互动的过程中过度使用同感技术时，他会本能地感到疲劳和烦躁。用中国的一句俗话讲，这叫作“听评书掉泪，替古人担忧”。而当咨询师过度表现自己的同感共情时，他就有可能因为严重透支个人的情绪而变得烦躁抑郁。这会导致咨询师对来访者表现出更多的阻抗和反移情。有人用“同感疲劳”来加以描述，它泛指由于过多关怀他人而产生的疲劳感。其突出表现有：

- 当来访者取消或推迟某次治疗会时，咨询师会感到如释重负。
- 对治疗缺乏精力。
- 对来访者疗效缺乏兴趣。
- 反复考虑自己是否选对了职业或者是想改换工作。

在严重情况下，咨询师可能会有各种阻抗表示吸纳。例如：

- 迟迟不回来访者的电话。
- 不重新安排或暂时取消治疗。

● 对治疗效果表示怀疑。

● 对来访者表现出更少的热情。

凡此种种，都应该引起咨询师的关注，并通过寻求督导和自我放松来加以缓解。

［案例 3－18］

怎样回应失恋者

来访者：我的女友不顾我们多年的恋情，居然与其他人搞到一起，把我给甩了，我真想把她和那个狗男人一起给杀了。

咨询师回应失恋者的方式见表 3－34。

表 3－34　咨询师怎样回应失恋者

反应模式	反应话语	语境分析
无同感共情反应	你怎么可以这么想？	不尊重对方的感受
	杀人是要偿命的，你难道不懂？	完全的理性分析
同情式反应	你好不容易遇见一位可心的女孩子，就被人抢走了，真是不幸！	没有尊重、体察对方的感觉，结果可能话中带刺，令人听了很不舒服
	你们相爱这么久，怎么能说断就断了呢？真是太不可思议了。	
移情式反应	我当初的女友就是被人抢走了，所以我非常理解你的心情。	完全以自我的体验来感受他人的内心冲突，结果陷入主观、武断
	谁没失恋过？大家的感觉都是一样的酸楚。	
热情式反应	不就是与女友分手了嘛，不要紧，我帮你再找一个。	不尊重对方的感受，想帮助对方，却未必理解对方的意愿
	振作起来，再找一个！	
同感共情式反应	处在你的境地，我想我也会有同样的冲动。	尊重对方的感受，但没有同意对方的做法
	这种想法是人之常情啊。	

五、心理咨询同感共情能力的注意事项

（一）同感共情技术的两大障碍

同感共情技术是心理咨询的入门功夫，也是咨询关系建立的基石。在同感

共情的表达与交流中，咨询师要警惕各式各样的障碍出现。这些同感共情障碍可以用两个情结来加以概括：一是“救世主情结”；二是“同病相怜情结”。它们都是心理咨询关系的陷阱。

1. “救世主情结”

所谓“救世主情结”，就是咨询师在谈话中不能平等对待来访者，时常摆出一副居高临下、说教的架势，既没有保持价值中立，也没有尊重、理解，反而要求来访者完全接受自己的想法和理念，主要有几个特点（表 3-35）。

表 3-35　同感共情的“救世主情结”的特点与表现

突出特点	具体表现
自以为是	主要表现为咨询师在谈话中，完全以自我为中心，按照自己的想法去揣度、判断来访者的内心感受，并要求对方接受自己的判断。这样做很容易陷入主观武断的泥潭
好为人师	主要表现为咨询师在谈话中，随意打断来访者的谈话，以讲述自己的想法与做法，并不断给来访者支招
强加于人	主要表现为咨询师在谈话中，不断要求来访者接受自己的想法，如果对方没有接受，咨询师就会面露不悦之色，并指责来访者不够虚心好学
淡化矛盾	主要表现为咨询师在谈话中，不断否定来访者面临困境与困扰的严重性，强调凡事要大事化小，小事化了。这样会令来访者感觉好像是他（她）在小题大做、无病呻吟等

［案例 3-19］

“救世主情结”

来访者说：我这次考试没及格，老师批评了我，我感到很沮丧。咨询师的回应见表 3-36。

表 3-36　“救世主情结”回应

同感共情误区	事例说明	问题分析
自以为是	考试没及格是因为你没有复习好，如果复习好了，就一定能及格	你没有了解清楚情况就急于表态，这很容易导致无的放矢、话无所指
好为人师	一次没及格不要紧，只要能够吸取教训，纠正错误，就是好样的	没有给对方宣泄的机会就急着安慰对方，这不会令对方心悦诚服的

（续）

同感共情误区	事例说明	问题分析
强加于人	说明你的学习方法一定出了问题，你有没有好好反省过自己啊	没有尊重对方的感觉，而是要求对方接受自己的感觉
淡化矛盾	没及格有什么了不起，我以前也有过考试没及格，后来我不也过来了嘛	没有感受到对方对此次考试的挫败感，而是希望对方简单地忘却一切

总之，同感共情中的“救世主情结”表现会严重阻碍咨询关系的确立，使得来访者的倾诉欲望大受打击，从而对咨询的关系、过程和人员产生阻抗。“救世主情结”的根源是人格上的自恋（即过分看重自我的价值与能力），这与心理咨询助人自助的原则背道而驰。

其实，就精神分析理论而言，咨询关系中咨询师的某些情感卷入（emotional involvement）正是移情与反移情关系的表露。这种情感卷入不一定是主动的，许多时候是被动的，甚至是不知不觉的。无论其表现如何，都是咨询师觉察自省的焦点，它投射出了咨询师咨询技巧与人格成长的欠缺，需要加以深入关注和反省。

表 3－37 列出了“救世主情结”所带来的危害。

表 3－37　“救世主情结”的危害

突出特点	具体表现	危害表现
把自己打造成英雄	在咨询中，不断谈论自己的“坚强能耐”，希望以此来感召对方去作同样的努力	培养来访者对咨询师的景仰与依赖
把对方贬低成狗熊	由于在咨询谈话中不断树立自己的“光辉形象”，令对方感觉自己是软弱无能的	培养来访者的自卑情结和羞愧感
不断给来访者支招	由于在咨询谈话中不断谈论自己的“宝贵经验”，所以习惯于给对方“指点迷津”	培养来访者对咨询师的依赖性和顺从性
不觉察自我	由于在咨询谈话中不断谈论自己，由此变得十分自我，无法意识到自身的缺陷	培养咨询师的自我陶醉

［案例 3－20］

案例 3－20 见表 3－38。

表 3－38　一段自以为是的对话

咨询对话	语境分析
朋友 A：这两天见你无精打采的，是不是又跟莉莉闹别扭啦？ 朋友 B：何止闹别扭，这回彻底吹了。	
朋友 A：吹就吹吧，想当初我也被人甩了一回。当时我也是痛不欲生，也曾想到了死，想到了出家，想到了浪迹天涯，我还想到了报复。我想把她约到家中作最后一次谈话，掐死她，然后我再去上吊。后来我去庙里抽签，算算我的行动计划的成功率，竟被一个老道看出我的心思，给我点了点迷津，使我恍然大悟。干吗呀，为一个女人，毁我一生，真是不值…… 朋友 B：啊，你，你是什么意思啊？	此处完全是在谈自己，完全没有顾忌对方的感受。

2. "同病相怜情结"

所谓"同病相怜情结"，就是咨询师在谈话中过分认同来访者的感受，时常摆出一副同苦共患、难忘沧桑的架势，令来访者感觉不知是谁在接受咨询，主要几个特点及表现（表 3－39）。

表 3－39　同病相怜的特点

突出特点	具体表现
角色混淆	主要表现为咨询师在谈话中，过分追求与来访者经验上的平等，讲究"你中有我，我中有你"的感觉，结果导致你我不分，咨询关系不明确，给人感觉很假或很困惑
舍我其谁	主要表现为咨询师在谈话中，力图让来访者感到"再没有人比我更能够了解你的心结，因为我也曾同样地苦恼过、困惑过（如失恋、丧亲、离婚、破财等）"。这样做，很容易陷入自以为是的陷阱
一味迎合	主要表现为咨询师在谈话中，为了使来访者相信自己的能力，而对他（她）讲的话一味认可，甚至不惜编造出没有的事情来呼应来访者的内心体验
以己度人	主要表现为咨询师在谈话中，完全接受按照自己曾经有过的挫败、痛苦体验去推测来访者的内心感受，结果导致同感共情失误

来访者：我母亲刚过世，我没有心思做任何事情。

咨询师的回应见表 3－40。

表 3－40 “同病相怜情结”的表现

同感共情误区	事例说明	问题分析
你我不分	真的，我真是替你难过，感觉就好像我自己的母亲去世一样	说得太夸张了，令人感觉很假，是一个典型的同感共情泡沫
舍我其谁	我太理解你现在的感受了，因为我母亲当初也是在我 20 多岁时去世的	说得太袒露了，即使有同样的经历，也应该等一等再说
一味迎合	丧失亲人是每个人一生必须经受的情感考验，你的感觉是正常反应	说得太理性化了，令人感觉不够真诚，无关痛痒
以己度人	我想如果我的母亲去世了，我一定会伤心好久好久的	说得太主观了，令人感觉这是你的感觉，不是对方的感觉

总之，同感共情中的“同病相怜情结”表现（表 3－40）也会严重阻碍咨询关系，使咨询师对来访者的同感共情泡沫化，也会导致来访者对咨询关系和过程产生阻抗。就其根源来讲，“同病相怜情结”可能是来访者个人成长中某些“未完成冲突”或“未完成事情”的作用，它使得咨询师本能地过分同感共情（认同）来访者的某些感受，陷入咨询师反移情的泥潭，从而丧失对咨询关系的中立性与公正性。表 3－41 具体列出了“同病相怜情结”所带来的危害。

表 3－41 “同病相怜情结”的危害

突出危害	具体表现	后果表现
投射性认同	以己度人，完全根据自身的生活体验来感知对方的感受	丧失心理咨询的客观性
投射性反移情	将自己对当年生活中重要他人的爱与恨移情到来访者面临的重要他人身上	丧失心理咨询的中立性
过分热情	对来访者的倾诉表现出过多、过快的理解，反而令对方感觉不自在	制造同感共情泡沫

值得一提的是，一致性反移情（congruent counter－transference）是由阿根廷的精神分析学家拉克尔（Racker）于 1968 年提出的。他在著作《移情与反移情》（Transference and Counter－transference）中提出了：“一致性认同类似同感共情的反应（虽然不是同感共情）”。当我们看见一个无父无母的孤儿时，我们可能会感到悲伤。这种悲伤是和那个孩子的自体相符合或类似的，那个小孩在那时也感到悲伤。由于看到那个小孩的人认同和感受到那个小孩的悲伤，这在彼此的自体感受上是一致或类似的，那就是一致性反移情。一致性反

移情是心理咨询关系的双刃剑，它既可强化咨询师与来访者的同感共情，也可误导咨询师过分关注其自身的“未完成冲突”(叶维菲，2000)。

此外，美国心理学家斯皮茨（R. Spitz）和利特尔（M. Little）也指出：“没有潜意识层面的反移情就没有同感共情，也就没有分析本身。”（方迪，1993）英国心理学家马尼-基尔德（Money-Kyrle）甚至将同感共情视为“正常的”反移情。(Mary & Roger，2010）因为咨询师对来访者的同感共情，是因为他具有可以被来访者的投射激活的原始客体关系。因此，没有对一致性反移情的理解，是很难达到真正的同感共情的。在心理咨询与治疗实践中，需要咨询员、治疗师能对此反移情有很敏锐的洞察力，并将其作为理解来访者（或患者）的重要方式或途径。

[案例 3-21]

父子对话的同感失误

表 3-42 体现了一对父子的对话，其中父亲的话语十分主观武断，全无同感共情，令儿子无法与之沟通。

表 3-42　父子对话的同感失误

对话内容	语境分析
儿子：上学真是无聊透了！ 父亲：怎么回事？	否认对方的感受
儿子：学的都是些不实用的东西。 父亲：现在的确看不出好处来，我当年也有同样的想法，可是现在觉得那些知识还蛮有用的，你就忍耐一下吧！	否认对方的感受
儿子：我已经耗了 10 年了，难道那些 X+Y 能让我学会修车吗？ 父亲：坚持就是胜利嘛！	主观判断
儿子：我想学修车。 父亲：修车？别开玩笑了。	主观判断
儿子：我不是开玩笑，我的同学王明辍学后学修车，现在月收入不少，这才有用啊！ 父亲：现在或许如此，以后他后悔就来不及了。你不会喜欢修车的。好好念书，将来不怕找不到更好的工作。	武断决定
儿子：我知道，可是王明现在很成功。 父亲：甭想！我把你养到这么大，妈妈和我牺牲了多少？已经读到高二了，不许你半途而废！	主观判断

（续）

对话内容	语境分析
儿子：我知道你们的牺牲很大，可是不值得。 父亲：你应该多读书，少看电视…… 儿子：爸，唉——算了，多说也无用！	武断决定

对话点评： 在上述对话中，父亲对儿子的话根本就听不进去，一切都以自己的想法为核心，不给孩子申辩的机会，所以对话无法继续下去。

（二）相关知识：言语一致化

言语一致化（congruence of language）是指咨询师要善于捕捉来访者的言语和关键词，学会用他的语言模式来描述眼下的事情。在这当中，咨询师要学会用来访者的口吻说出自己想说的意念，以最大限度地实现与来访者的同感共情。表 3－43 展示了言语一致化的运用。

表 3－43　言语一致化的运用

技巧表现	特点描述	事例说明
寻找关键词	寻找来访者话语的关键词	我发现你在说话中常用“无能为力”这个词，给人感觉你很无助
寻找常用语	寻找来访者话语的关键词	我发现你在说话中常说“我认命了”这句话，给人感觉你想放弃了

［案例 3－22］

表 3－44　我不知道为什么感到孤独之一

咨询对话	语境分析
咨询师：欢迎你！ 来访者：老师你好！ 咨询师：你是哪个系的学生啊？ 来访者：我是物理系的学生，现在上大学三年级。 咨询师：今天你来找我，想谈什么方面的问题呢？ 来访者：主要想向您咨询一下人际关系方面的问题。 咨询师：你具体指的是什么呢？	具体化技巧
来访者：因为我们还有一年就要毕业了，我感觉自己在人际交往方面的能力很薄弱。就是说诸如人与人之间的交流等问题，没有什么自信。 咨询师：哦。那么你能举几个具体的例子吗？	具体化技巧

（续）

咨询对话	语境分析
来访者：比如说我们系里面的同学，我和他们讲话很少，他们和我讲话也很少，很少有人主动来和我谈一些问题。 咨询师：所以你感到比较孤独。	同感回应
来访者：对，我感到比较孤独，而且在大家一起举行一些活动的时候，我总是觉得自己好像被孤立起来了。 咨询师：哦，你这种感觉多久了？ 来访者：嗯，从大学二年级的时候开始。 咨询师：哦，为什么大学二年级时开始产生这种感觉呢？ 来访者：因为刚进大学的时候，对未来很有憧憬，对各类活动都很积极地参加，应该说自己是比较活跃的，当时我对学习就比较放松，所以一年级的时候成绩不是很好。从第二学期开始呢我就努力学习，努力学习以后各种活动我就参加得少了，到二年级以后就更少。少了以后，现在学习比较自如了。我再想参加那些活动的时候，一些同学好像已经把我淡忘了。 咨询师：你有一种被拒之门外的感觉？	同感回应
来访者：对，是这样的。 咨询师：这给你带来一种困惑，一种很不舒服的感觉？	形象比喻
来访者：我就感觉自己和别人的交往出了问题，而且我觉得现在仅仅是在学校里面，如果以后在社会上求职或者工作的话，再不能达到人与人之间良好地交流的话，以后肯定会为社会所淘汰的。 咨询师：所以你担心你在人际交往上的孤独感和困惑会对你将来的求职和工作带来不好的影响。	解析型同感共情
来访者：是的。 咨询师：那我就想知道，你虽然说这种感觉是从大学二年级开始有，那你以前有没有这种感觉呢？ 来访者：以前在中学里面没有，我感觉就是因为，应该说是距离产生美。同学之间只有上课的时候才能接触，或者只有下课的几分钟能够交流些，比如说像谈论足球、球赛、歌星什么的这类话题的时候，觉得大家都有共同点。像现在我住在学校里面，人与人之间的接触非常多，尤其是我现在住在宿舍里面，从早上起床到晚上睡觉大家都在一起，反而觉得没有什么话可讲。	
咨询师：哦，这很有意思，因为你刚才运用了一个很好的比喻，就是“距离产生美”。那我的理解就是像你刚才讲的，你觉得你中学的时候没有这种障碍，因为你刚才讲了你中学时大家上课时在一起，有的时候下课一起活动，不像现在大家朝夕相处，使得你觉得和同学们接触起来对大家各个方面都看得很清楚。那就是说你对现在的同学有一种无所适从或者不能和他们融合在一起的感觉。但我就想知道，你跟你同班或同室的同学是不是也有这种同样的感觉，还是对于某些人你能跟他们融合，对于某些人你跟他们不能融合在一起？	解析型同感共情 寻找关键词

（续）

咨询对话	语境分析
来访者：我觉得对于一些性格比较开朗的同学，或者大家只是在一起玩，或者一起参加一些表面上接触比较多的活动时，应该说我们还是能够融洽的。但是，如果别人想和我深交，做知心朋友的时候，我觉得自己对他们就有一种抗拒感。	形象比喻

第四章 精神分析疗法

第一节 精神分析疗法的概念介绍

一、精神分析疗法的核心概念

（一）人性观

弗洛伊德对人性基本上坚持决定论的观点。根据弗洛伊德的理论，我们的行为由非理性力量、无意识动机以及生物和本能驱力所决定，而这些都是在我们出生头 6 年的关键性心理发展阶段逐步发展起来的。

本能在弗洛伊德的理论中处于关键地位。尽管弗洛伊德最初使用力比多（libido）这个术语来指代性能量，但是后来他又把它扩展为包括所有生本能（life instincts）的能量。这些本能的目的是维持个体及人类种群的生存，指向的是成长、发展及创造性。“力比多”应被看作一种动机的来源，它包含性能量却不止于此。弗洛伊德把所有令人愉快的行为放入生本能的概念中，他认为我们生活的大部分目的就是为了追求快乐，回避痛苦。

弗洛伊德还定义了死本能（death instincts），用它来诠释攻击驱力。有时人们通过行为去实现无意识想死、想伤害他人或自己的愿望。如何管理这种攻击驱力是人类的一大挑战。在弗洛伊德看来，性驱力和攻击驱力都是决定一个人作出何种行为的重要决定性因素。

（二）人格结构

根据弗洛伊德的精神分析理论，人格由 3 个系统组成：本我、自我和超我。这只是心理结构的名称，而不应被看作是独立操控人格的小我（manikin），一个人的人格功能是作为一个整体，而不是 3 个独立的部分来运作的。粗略地说，本我（id）是所有未被驯服的驱动力或冲动，就像是人格的生物成分。自我（ego）试图在本我和由本我冲动所构成的现实危险之中进行组织和调解。保护我们不受自身冲动所导致的危险伤害的一种方法就是建立超我（super ego），这是内化了的社会成分，它在很大程度上源于人们对父母期待的想象。因为接受这些想象的期待是为了保护我们自己不受自身冲动的影响，所以超我可能比这个人现实生活中的父母更具惩罚性和更苛刻。自我的行为可能是有意识的，也可能不是。比如说，防御通常是无意识的。因为自我和意识是不一样的，精神分析的口号已经从“使无意识意识化”转变为“本我所在，自我即至”。

经典的弗洛伊德理论把人看作一个能量系统。人格的动力由心理能量分配给本我、自我和超我的方式组成。因为能量是有限的，所以一个系统以其他两个系统为代价获得了对可用能量的控制。行为由这种心理能量所决定。

（三）本我

本我是人格的原始系统，一个人在出生时就是本我。本我是心理能量的主要来源，是本能产生之所在。它缺乏组织、盲目、难以满足和固执。本我就像是一锅沸腾了的兴奋，无法容忍紧张，它的功能是立即释放紧张。本我遵循快乐原则（pleasure principle)，其目的是缓解紧张、回避痛苦和获得快乐。本我是不考虑逻辑和没有道德的，它完全依快乐原则去满足本能的需求。本我永远不会成熟，它是人格结构中被宠坏了的孩子。它从不思考，只知道祈愿或行动。本我大部分属于无意识，或无法察觉到。

（四）自我

自我和外界的真实世界接触。它是管理、控制和调节人格的“执行者”。作为一名“交通警察”，它在本能和周围环境间进行协调。自我控制意识并实行审查。自我遵循现实原则（reality principle)，进行现实且合理的思考，制订满足需求的行动计划。自我是智慧和理性产生之所在，制约和控制本我的盲目冲动。本我只知道主观现实，而自我则对心理意象和外部世界的事物进行区分。

（五）超我

超我是人格的司法部门，它包含一个人的道德准则，主要关注行为是好是坏，是对是错。超我代表理想而非现实，它追求的不是快乐而是完美。超我代表了世代相传的价值观和社会理想。超我的作用是抑制本我的冲动，说服自我用道德目标代替现实目标，并努力追求完美。超我作为父母和社会标准的内化，它和心理的奖惩息息相关——奖励是自豪和自爱的感觉；惩罚是内疚和自卑的感觉。

（六）意识与无意识

也许弗洛伊德最大的贡献就在于他提出了无意识和意识层次的概念，这是理解人的行为和人格问题的关键。无意识不能直接被研究，却可以通过行为推断出来。那些可以推断出无意识的临床证据有：第一，梦，它是无意识需要、愿望和冲突的象征性代表；第二，口误和遗忘，比如，说错或遗忘了一个原本十分熟悉的名字；第三，催眠后的暗示；第四，来自自由联想的材料；第五，经投射机制产生的材料；第六，精神症状的象征性内容。

对弗洛伊德而言，意识只是整个心理的很小一部分。就像冰山的大部分都位于水面之下一样，心理的绝大部分也都存在于意识之外。在无意识（unconscious）里存储了所有的经验、记忆和被压抑的材料。需求和动机是无法触及的——它们在我们能觉察的范围之外，也不受意识的控制。人的大部分心理功能都处于意识之外。因此，精神分析治疗的目的就是使无意识动机意识化，只有这样个体才能进行选择。理解无意识的作用对于掌握精神分析行为模型的本质至关重要。

无意识过程是所有神经症症状和行为的根源。从这个观点来讲，“治愈”的基础在于揭示症状的含义、行为的原因和扰乱健康功能的被压抑的内容。然而，值得注意的是，仅凭理智的洞察并不能消除症状。来访者固着于旧有模式（反复出现）的需要必须通过对移情扭曲（transference distortions）进行工作才能修通，之后我们会对这个过程加以探讨。

（七）焦虑

焦虑也是精神分析理论的核心概念。焦虑（anxiety）是被压抑的感觉、记忆、欲望和经验出现在意识层面时产生的恐惧感。可以理解为是一种促使我们去做某事的紧张状态。它产生于本我、自我和超我对可用心理能量控制的冲突。它的作用是警告我们即将到来的危险。

焦点分 3 类：现实性焦虑，神经症性焦虑和道德性焦虑。现实性焦虑（reality anxiety）是对外部世界的危险的恐惧，焦虑水平与现实威胁的程度成正比。神经症性焦虑和道德性焦虑是由一个人内部的“权力平衡”受到威胁而引发的。它们向自我发出信号，除非采取适当的措施，否则危险可能会增加，直至自我被压垮。神经症性焦虑（neurotic anxiety）是对本能失去控制后导致一个人可能会做让自己受到惩罚的事的恐惧。道德性焦虑（moral anxiety）是对自己良心的恐惧。一个良心健全的人在做违背道德规范的事情时往往会感到内疚。当自我不能通过理性和直接的方法控制焦虑时，它就会依赖间接的方法，也就是自我防御的行为。

（八）自我防御机制

自我防御机制帮助个体应对焦虑、防止自我被压垮。自我防御不是病态的，它是一种正常的行为，只要它不成为个体逃避现实的生活方式就具有适应价值。采用何种防御取决于个体的发展水平和焦虑程度。所有防御机制都有两个共同点：一是它们不是否认就是扭曲现实；二是它们在无意识层面进行运作。

二、精神分析相关理论

（一）早期发展的重要性

精神分析模型的一个重要贡献是描绘了从出生到成年的性心理发展阶段和社会心理发展阶段。

性心理发展阶段（psychosexual stage）指的是弗洛伊德提出的心理发展阶段，它从婴儿期开始。

弗洛伊德认为，如果人们没有处理好生命发展前三个阶段的问题，他们往往会求助于心理咨询。第一个阶段是口欲期（oral stage），如果个体没有处理好这个阶段的问题，就无法相信自己和他人，对爱及形成亲密关系感到恐惧，并存在低自尊的问题。第二个阶段是肛欲期（anal stage），这个阶段处理的是无法识别和表达愤怒，这将导致一个人否认自己作为个体的力量并缺乏自主性。第三个阶段是性器期（phallic stage），这个阶段处理的是不能完全接受自己的性行为和性感觉，以及难以接受自己是男人或女人。根据弗洛伊德精神分析的观点，个人和社会发展的这 3 个方面——爱和信任、处理负性情绪，并且能积极地接受——都建立在生命的头六年。这一时期是后来人格发展的基础。当一个孩子在这些发展阶段的需求没有得到充分满足时，他可能固执在那个阶段，并在以后的生活中以心理不成熟的方式表现出来。

（二）埃里克森的心理社会观点

弗洛伊德提出的性心理发展阶段被其他理论家所扩展，其中以埃里克·埃里克森（Erik Erikson，1963）关于人格发展的心理社会观点尤为突出。埃里克森以弗洛伊德的思想为基础，通过强调心理社会方面的发展来拓展他的理论，他认为心理社会方面的发展不只存在于童年早期。

心理社会阶段（psychosocial stage）指的是埃里克森理论中基本的心理和社会任务，个体需要从婴儿到老年的各个不同阶段去完成这些任务。这种阶段性的观点是咨询师理解生命各个阶段的关键发展任务特征的概念性工具。埃里克森的发展理论认为，性心理成长和社会心理成长是同时发生的，在人生的每个阶段，我们都面临着在自身和社会之间建立平衡的任务。埃里克森从整个生命周期的角度来描述发展，并以需要解决的具体危机对它进行划分。埃里克森认为，危机（crisis）相当于人生中的一个转折点，在这个点上，人们有可能前进，也可能倒退。我们要么解决冲突，要么无法完成发展任务。在很大程度上，我们的生活是我们在每个阶段所做选择的结果。

埃里克森在当代精神分析中以强调社会因素而著称。经典精神分析（classical psychoanalysis）以本我心理学（id psychology）为基础，认为本能和心理冲突是塑造人格发展（无论正常与否）的基本因素。当代精神分析（contemporary psychoanalysis）倾向于以自我心理学（ego psychology）为基础，它并不否认心理冲突的作用，但强调自我在整个生命过程中的控制和能力。自我心理学家帮助来访者了解他们的防御，并帮助他们发展更好的方式来应对这些防御。自我心理学同时关注童年时期和此后的发展阶段，它认为一个人当前的问题不能简单地只归因为童年早期无意识冲突的重复，青春期、成年中期和成年后期都有着必须解决的特定危机。因为一个人的过去对未来有影响，所以发展是连续的，而这种连续性体现在发展的各个阶段上，每个阶段都与其他阶段相关。

将性心理和社会心理因素结合起来看待个体的发展是有益的。埃里克森认为弗洛伊德没有充分地解释自我在发展中的地位，也没有对整个人生中的社会影响因素给予足够的重视。

（三）对心理咨询的启示

通过将性心理观点和社会心理观点结合起来，治疗师就有了一个有效的用来理解来访者发展问题的概念性框架。

在治疗过程中，个体的核心需求、发展任务，及在生命每个阶段都会遇到的挑战，为理解来访者的一些核心冲突提供了模型。以下这些问题可以对治疗过程提供指导：

● 在生命的每个阶段有哪些主要的发展任务？这些任务与咨询的关系如何？

● 哪些问题还在持续对个体的生活造成影响？

● 在生命的不同时间点上有哪些人们普遍关心的问题？人们如何在这些时间上接受挑战并做出肯定的决定？

● 个体当前的问题和他早年的重大事件之间有什么联系？

● 个体在关键期做了什么选择？他是如何处理各种危机的？

● 如果要进行一个综合全面的治疗，我们需要了解哪些影响个体发展的社会文化因素？

心理社会理论特别重视那些会对个体后面的阶段产生重大影响的儿童期和青少年期的因素，同时也承认后面发展阶段存在的重要危机。我们可以在来访者的生活中看到相关的主题。

三、精神分析治疗过程

（一）治疗目标

精神分析治疗的最终目标是增加个体的适应功能，包括症状减少和冲突解决。弗洛伊德精神分析治疗有两个目标，一个是使无意识意识化和强化自我，另一个是使行为更多地建立在现实的基础上，而不是基于本能的渴望或非理性的内疚。人们相信成功的分析可以让个体的人格和性格结构发生明显的变化。治疗师使用治疗方法引出来访者的无意识材料，然后对其童年经历进行重构、讨论、诠释和分析。很明显，治疗过程并不限于解决问题和学习新行为。相反、我们需要对过去进行更深入的探索，以提高自我理解的水平、这是改变性格所必需的。精神分析治疗的目标是获得洞见，这不仅仅是智力上的理解，最重要的是体验与这种自我理解相关的感觉和记忆。

（二）治疗师的功能和角色

在经典精神分析中，分析师（analyst）通常保持匿名、非评判的立场，这有时被称为白板技术（blank - screen approach），分析师通过避免自我暴露、保持中立以培养移情关系（transference relationship），在这种关系中来访者会对他们进行投射。移情关系是精神分析的基石，是把在早期关系中最初体验到的情感转移到当前环境中其他重要他人身上。其假设是：如果分析师很少谈论自己，也很少分享他们的个人反应，那么不管来访者对他们有什么感觉，很大程度上都是来访者对过去重要他人的相关感觉的产物。这些投射源于未完成和压抑的情境，他们就像是“待磨的谷物”，对他们的分析是治疗工作的精髓所在。

精神分析的核心功能之一是帮助来访者获得爱、工作和娱乐的自由。其他功能包括帮助来访者实现自我觉察、变得更真诚和拥有更有效的人际关系；以更现实的方式处理焦虑；控制冲动和非理性的行为。治疗的首要目标是建立治疗联盟，要使治疗取得进展，对任何受损的联盟进行修复都至关重要。对来访者共情有助于感受来访者的内心世界。治疗中要特别关注来访者的阻抗。分析师以一种尊重、开放的方式倾听，并决定何时做出适当的诠释；机智和时机是有效诠释的关键。诠释的主要功能是促进无意识材料的浮现。精神分析治疗师会同时关注来访者说了什么和没说什么，倾听来访者讲述中的空隙和不一致之处，推断来访者报告的梦境和自由联想的意义，对来访者对治疗师的感觉保持敏感。

在理解人格结构和心理动力学的基础上，通过组织这些治疗过程，分析师能清楚地掌握来访者问题的性质。分析师的核心功能之一是通过诠释教会来访者了解这些过程的意义，以便他们能洞察自己的问题，提高他们对改变方法的认识，从而对自己的生活有更多控制。心理动力学治疗的一个主要目标是培养来访者解决自身问题的能力。

精神分析的治疗过程有点像拼图。来访者是否会改变很大程度上取决于他们是否愿意改变，而不是治疗师诠释的准确性。如果治疗师急于求成，或是在不恰当的时机进行诠释，治疗将不会有效。改变在重新处理来访者旧有模式的过程中发生，这样来访者就可以更自由地使用新的方式。

（三）来访者在治疗中的体验

对经典精神分析感兴趣的来访者必须愿意接受密集的、长过程的治疗。在与分析师面对面咨询过几次之后，来访者将躺在沙发上进行自由联想。也就是说，他们要尝试把脑海中浮现的任何内容不经过滤地说出来。自由联想的过程被认为是“基本规则”，来访者向分析师报告他们的感觉、经历、联想、记忆和幻想。躺在沙发上可以促进深入的、无保留的思考，并减少那些可能会阻碍来访者接触自己内在冲突的刺激。这样做还可以避免来访者“读”到分析师脸上的反应，从而促进带有移情性质的投射。

精神分析治疗的来访者会与分析师经历一段独特的关系。来访者可以自由地表达任何想法或感受，无论多么不负责任、可耻、政治不正确、自私或幼稚。分析师在治疗过程中保持不评判、仔细倾听、提出问题并作出诠释。这种结构鼓励来访者放松防御和“退行”，通过体验一种较低程度的刻板评价，来访者能获得积极的治疗性成长，但仍能存在一些脆弱。分析师有责任为来访者维持足够安全的治疗情境，因此分析师不能随意地进行自我表达。分析师的每次干预都是为了促进来访者的成长。在经典精神分析中，分析师非常重视保持治疗的中立和匿名，而在分析技术中，维护一致的设置或“框架”也起着十分重要的作用。治疗性改变需要在安全的治疗关系中用很长一段时间去“修通”旧有的模式。

心理动力学治疗（psychodynamic therapy）是对冗长的经典精神分析治疗过程缩短和简化后的一种治疗方法。许多精神分析取向的实践者，或心理动力治疗师（与分析师不同），并不会采用经典精神分析的所有技术。但他们仍然会关注来访者的移情表现、探索来访者梦境的含义、探索来访者的过去和现在、对防御和阻抗进行诠释，并关注来访者无意识的内容。与心理动力治疗师相比，传统的分析治疗师更频繁地诠释移情，更少给予来访者支持性的干预。

接受精神分析治疗的来访者需要向治疗师承诺坚持密集的治疗过程，并且同意交谈，因为他们的语言是精神分析治疗的核心。治疗师通常要求来访者在分析期间不要对自己的生活方式做任何根本性的改变，比如离婚或辞职。要求来访者避免作出重大改变的原因与治疗过程有关，因为在这个过程中来访者常常会感到不安，也会放松防御。经典精神分析对这些限制的要求比精神分析心理治疗更严格。精神分析心理治疗通常每周咨询的次数更少，咨询是面对面的，且治疗师更为支持。因此，来访者在咨询中就更少“退行”。

当接受精神分析的来访者与治疗师都认为，来访者的症状和核心冲突已经得到解决，来访者遗留的情绪问题得到了澄清和接纳，来访者的成长历史被充分理解，来访者的核心问题被掌握，来访者的环境与来访者之间如何相互影响已经被充分觉察，来访者减少了防御，而且来访者能把过去的问题和当前的人际关系问题进行整合思考，那么就可以准备结束治疗了。沃利兹基（Wolitzky，2011a）列出了结束咨询的其他最佳标准，包括移情减少，达成治疗的主要目标，来访者接受某些努力是徒劳的，接受有些童年幻想永远不可能实现，增强爱和工作的能力，获得更多稳定的应对模式和自我分析的能力。成功的分析可以回答来访者关于人生的“为什么”问题（张小乔等，1998）。结束咨询会带来强烈的依恋、分离和丧失的感受。因此，提前设定结束的日期有助于充分地讨论这些感受及来访者在咨询中学到的内容。治疗师会帮助来访者澄清他们所做的改变。

（四）治疗师和来访者之间的关系

经典精神分析和当代关系分析对治疗关系概念的界定存在一定的差异。经典精神分析站在关系之外，对其进行评论，并提供富有洞察力的诠释。在当代关系精神分析中，治疗师并不努力使自己保持客观的立场。当代心理动力治疗师关注此时此地的移情和早年经历的活现。通过把过去带到当前的关系，对过去的新理解可以逐渐展开。当代心理动力治疗师认为，他们与来访者的情感交流是获取信息和建立关系的有效途径。分析疗法侧重治疗当下发生的感觉、知觉和行为。这种治疗关系是提高来访者自我意识、自我理解和探索的核心。人际神经生物学研究的最新结果强有力地支持了精神分析关系在治疗遭受人际创伤和忽视的来访者时的有效性。

移情与反移情是理解心理动力学治疗的核心。治疗关系的重要方面是通过移情反应表现出来的。移情（transference）是指来访者将自己早年对重要他人的感觉、态度以及正性和负性的幻想无意识地转移到治疗师身上。移情包括来访者的过去在现在的无意识重复。来访者的关系中存在旧有体验，其深层模式将反应在现在的生活中。来访者通常对治疗师有正性和负性的感觉和反应。

当这些感觉变得有意识并被转移给治疗师时，来访者就能理解并解决过去“未完成的事件”。随着治疗的进展，儿童时期的感觉和冲突开始从意识深处浮现出来，来访者在情感上就容易退行。当来访者早年与爱、性、敌意、焦虑，憎恨有关的强烈冲突被重新唤起时，这些冲突被带到当下再次体验，当该体验被置于治疗师身上时，移情就发生了。比如，来访者对自己严厉而冷漠的父亲存在未解决的感受，那么他就有可能把这种感受转移到治疗师身上，这时在来访者眼中，治疗师就变成了一个严厉而又冷淡的人，这种负性移情将产生愤怒的感受。但是来访者也可以发展出正性移情，比如爱上治疗师，希望被治疗师接纳，或者以其他方式寻求全能治疗师的爱、接纳与认可。简言之，治疗师此时成为来访者重要他人的替代者。

如果治疗要引起来访者的改变，移情关系就必须被处理好。修通（working-through）过程包括对无意识材料和防御的重复和详尽地探索，这些无意识材料和防御大部分都来自来访者的童年时期。通过这个过程，来访者学会接受他们的防御结构，并认识到它在过去是如何服务于他们的。这将使旧模式得到处理，并使来访者能够做出新的选择。有效的治疗要求来访者与治疗师在当前建立起一种有校正性和整合性体验的关系。

来访者有很多机会看到自己的核心冲突和核心防御在日常生活中以不同的方式体现出来。来访者要获得心理上的独立，不仅要觉察自己的无意识内容，还需要摆脱由婴儿式的努力所激发的行为，比如希望获得父母全部的爱和接纳。如果治疗师没有处理好治疗关系中这种苛求的阶段，来访者就会简单地将他们婴儿式的愿望——获得全部的爱和接纳，转移给其他人。正是在来访者与治疗师的关系中，这些童年愿望体现得越来越明显。

无论精神分析治疗的时间有多长，儿时的需求和创伤永远无法被完全抹去。即使治疗师对来访者移情的很多方面都做了处理，婴儿式的冲突仍不可能完全解决。在我们的一生中，可能需要常常与我们投射到其他人身上的感觉，和我们期待其他人实现的不切实际的要求做斗争。

从这个意义上说，我们会对很多人产生移情，我们的过去一直是现在的我们的一个重要组成部分。一种错误的观点认为，来访者对治疗师的所有感觉都是移情的表现。来访者的需要反应可能有现实基础，来访者的感觉很可能与治疗师此时此地的反应有关。并非所有的正性反应，比如喜欢治疗师，都应该贴上“正性移情”的标签。相对的，来访者对治疗师的愤怒可能是对治疗师行为的反应，将来访者所有的消极反应都标记为“负性移情”显然也是不恰当的。

我们都无法完全摆脱过去经历的影响，这个观点对于治疗师而言有着重要的意义。即使治疗师已经意识到自身的冲突，即使他们已经在自己高频次的个人治疗中处理过这些个人议题，他们仍然可能对来访者进行扭曲的投射。治疗师的反移情是不可避免的，因为所有治疗师都有未解决的冲突和个人弱点，这些都会在他们的专业工作中被激发出来。从经典精神分析的角度来看，反移情（countertransference）是一种现象，当有不恰当的情感出现，当治疗师以非理性的方式作出回应，或者在治疗关系中由于自己的冲突被激发而失去客观的时候，就会出现反移情。反移情包括治疗师基于自身过去的经历对来访者产生的无意识情感反应，导致对来访者行为产生扭曲的感知。多年来，这种反移情的传统观点已经扩展到包括治疗师的所有反应，不仅包括对来访者移情的反应，还包括对来访者性格和行为所有方面的反应。从更广泛的角度来看，反移情涉及治疗师对来访者的全部情感反应，可能包括退缩、愤怒、爱、烦恼、无力、回避、过度认同、控制或悲伤。在当今的精神分析实践中，反移情以微妙的非言语、音调和态度行为的形式表现出来，它们不可避免地以有意识或无意识的方式影响着来访者。

为了避免对来访者产生误解和过度认同，分析方法要求治疗师进行自己的分析性心理治疗。对于治疗师来说，接触和理解自己的无意识极为重要，这类治疗的一个重要成果是让治疗师变得谦逊，这为与来访者建立真实、平等和治愈性的联结提供了一个良好基础。治疗师的个人治疗和临床督导，都有助于更好地理解治疗师的内部反应如何影响治疗过程，以及如何利用反移情反应来帮助治疗工作。

并非所有反移情反应都对治疗进展有害。事实上，反移情反应往往是治疗师理解来访者的内心世界和治疗师自我理解的最有力的信息来源。比如，一位治疗师发现自己有易怒的反移情情绪，这可能会帮助治疗师了解来访者的需求模式，这在治疗中是可以探索的。从更积极的角度来看，反移情成为帮助来访者获得自我理解的关键途径。精神分析治疗师使用反移情观察的方式各不相同。在某些情况下，他们可能会和来访者分享反移情感受，但是传统的分析治疗师会对此保持缄默，并默默地从这种不可避免的现象中学习。治疗师获得自我理解以及和来访者建立适当边界的能力，对于管理和有效地使用他们的反移情反应至关重要。

治疗师要培养一定程度的客观性，而不是在面对来访者表达愤怒、爱、奉承、批评和其他强烈情感时作出防御和主观的反应，这一点极为重要。如果心理治疗师意识到他们对某类来访者特别讨厌，或特别容易被某类来访者吸引，或在治疗关系的特定时刻出现身心反应等，就有必要寻求专业咨询、临床督导，或开始他自己的分析治疗以处理这些妨碍他成为有效治疗师的个人议题。

通过治疗关系，治疗师获得了对无意识运作过程的洞察。对被压抑内容的认识和觉察是分析成长过程的基础，这表示来访者开始理解过去的经验和现在的行为之间的联系。精神分析取向假设，没有这种动态的自我理解，就无法获得实质性的人格改变或解决当前的冲突。

四、应用：治疗技术与程序

以下将讨论精神分析取向的治疗师最常用的技术，同时介绍如何将精神分析技术运用到团体治疗中。精神分析或心理动力学治疗技术与程序的精神分析在以下方面有所不同：

- 治疗往往定位在有限的目标上，而不是为了重建来访者的人格。
- 治疗师较少使用躺椅。
- 治疗频率较低。
- 治疗师经常使用支持性干预，比如安慰、表达同情、支持和提供建议。
- 更关注治疗关系中的此时此地。
- 治疗师会进行更多的自我暴露，而不会认为这“污染了来访者的移情”。
- 较少强调治疗师的中立。
- 关注移情和反移情相互的活现。
- 更关注来访者的现实问题，而不是处理他们的幻想。

精神分析治疗的技术旨在增强意识，培养对来访者行为的洞察力，并理解来访者症状的意义。治疗从来访者在谈话中的宣泄（或情绪表达）开始，到洞察，再到处理无意识的材料，层层递进。这项工作是为了对来访者进行智力上和情感上的理解及再教育，并希望最终促进来访者的人格改变。精神分析治疗的六大基本技术，一是维持分析框架；二是自由联想；三是诠释；四是释梦；五是阻抗的分析；六是移情的分析。

（一）维持分析框架

为了实现精神分析治疗的目标，精神分析过程强调维持特定的框架。维持分析框架（maintaining the analysis framework）涉及一系列程序和风格类的因素，比如分析师的相对匿名、保持中立和客观，有规律和持续的咨询、准时开始和结束咨询、明确费用、基本的边界问题，比如避免给建议或把价值观强加给来访者。精神分析取向的治疗有一个最强大的特点，就是其稳定一致的框架本身就是一个治疗因素，这就像是在情感层面有规律地喂养婴儿一样。分析师会极力避免打破这种稳定的治疗模式，比如休假、调整咨询费，等等。

（二）自由联想

自由联想是精神分析治疗的核心技术，它在维持分析框架的过程中起着关键作用。在自由联想中，治疗师鼓励来访者说出任何浮现在大脑中的内容，无论这种内容多么痛苦、愚蠢、琐碎、不合逻辑或风马牛不相及。从本质上讲，来访者试图不假思索地报告自己的任何感受和想法。随着分析工作的进行，大多数来访者会偶尔会出现例外——阻抗，治疗师会在需要的时候对此进行诠释。

压抑的强烈情绪。然而，这种释放本身并不被人们所重视。在自由联想的过程中，治疗师的任务是识别出那些在无意识中被压抑的内容。而来访者自由联想出的事件顺序，可以帮助治疗师了解在来访者眼中事件是怎样相互联系的。自由联想中的暂停或中断表明有些内容激发了来访者的焦虑。治疗师需要向来访者诠释，并引导来访者提高对潜在动力的洞察。

作为精神分析治疗师，倾听来访者的自由联想，不仅要听表面的内容，还要听到隐藏的含义。来访者所说的每一句话都不仅仅是字面意思。比如，口误意味着来访者表达出来的情感伴随与之冲突的情感。来访者没有说出的话和他们说出的内容一样重要。

（三）诠释

诠释（interpretation）指分析师要指出、解释甚至教育来访者的梦境、自由联想、阻抗、防御和治疗关系本身背后的含义。诠释的功能在于帮助来访者，使他们能自我消化吸收新材料，并促进无意识深层内容的凸现。诠释是基于治疗师对来访者人格及过去经历（这导致了现在的问题）的评估。根据现代理论对诠释的定义，诠释包括识别、澄清和翻译的过程。关系精神分析治疗师会告诉来访者其想法、感觉或时间的可能含义，并把这种诠释看作是假设，而不是代表来访者真实的内心世界。诠释提供了一种合作性的态度来帮助来访者理解他们的生活并扩展他们的意识。

治疗师用来访者的反应作为标尺来判断他是否准备好接受诠释。诠释的时机非常重要，如果时机不对，来访者会拒绝治疗师的诠释。诠释的一般规则是，当要诠释的现象接近意识层面时就该给出诠释。换句话说，当来访者有能力容忍和接纳这种诠释但还没有看到时，治疗师就应该做出诠释。另一个普遍的规则是，诠释应该从表面内容开始，在来访者能接受的范围内逐步深入。

（四）释梦

释梦（dream interpretation）是揭露无意识材料的重要手段，让来访者了解自己未解决的问题。在睡眠中，自我防御降低，被压抑的感觉浮现出来。弗洛伊德把梦看作是“通往无意识的途径”，因为梦表达了一个人的无意识愿望、需要和恐惧。梦中的有些动机无法被人接受，所以它们不会在梦境中直接表现出来，而是以伪装或象征的形式出现。

梦有两个层次的内容：隐性内容和显性内容。隐性内容包括隐藏的、象征的和无意识的动机、愿望和恐惧。因为它们不仅令人痛苦而且具有威胁性，所以那些构成隐性内容的无意识性冲动和攻击冲动就会转换为更容易让人接受的显性内容，这正是来访者梦到的内容。这种由隐性内容转换为不那么具有威胁性的显性内容的过程称为梦的工作。治疗师的任务是通过研究梦的显性内容，了解其象征含义，并揭示那些被伪装了的内容。

在治疗过程中，治疗师可能会要求来访者对其梦境中的显性内容进行自由联想，以提示其梦境中的隐性内容。治疗师会和来访者一起探索其自由联想的内容。解释梦中各种元素的含义可以帮助来访者把压抑的内容从无意识中释放出来，并把这些新的理解和他们当前的困境联系起来。梦不仅是了解来访者被压抑内容的途径，也是理解来访者当前功能的一种方法。关系精神分析治疗师对梦与来访者当前生活的联系特别感兴趣。梦被看作是给来访者的一个重要信息，让他们检查一些如果不检查可能会出问题的事情。

（五）对阻抗的分析与诠释

阻抗（resistance）是精神分析实践中的一个基本概念，它指的是任何阻碍治疗进展、阻止来访者接触自己无意识内容的因素。具体地说，阻抗是指来访者不愿把那些压抑在无意识里的内容带入意识层面。阻抗指任何助长现状并阻碍改变的想法、态度、感觉和有意识或无意识的行动。在自由联想或对梦境进行联想时，来访者可能表现出不愿将某些想法、感觉和经验联系起来。弗洛伊德将阻抗视为一种无意识动力，人们用它来防御无法忍受的焦虑和痛苦，如果他们意识到自己被压抑的冲动和感觉就会体验到这些焦虑和痛苦。

作为一种抵御焦虑的防御方式，阻抗出现在精神分析治疗过程中，它阻碍来访者和治疗师共同探索无意识的动态内容。分析性治疗假设来访者既希望改变又想安驻在熟悉的世界里。不管来访者有多痛苦，他们都希望待在熟悉的模式里。治疗师需要创造一个安全的氛围，让来访者能在治疗中识别阻抗并探索它。因为阻抗会阻止威胁性内容进入意识，所以当它出现时治疗师会把它指出来。但是治疗师要避免暗示来访者在治疗中不合作，这种做法本身就会让来访者形成阻抗。治疗师的诠释可以帮助来访者意识到阻抗的原因，这样他们就可以应对它。一般来说，治疗师会指出最明显的阻抗并诠释给来访者听，这样可以减少来访者拒绝诠释的可能性，并增加他们开始观察自己相关行为的可能性。

阻抗不只是需要克服的东西，也是日常生活中的防御方式，是一种防御焦虑的工具。它会影响人们接受改变的能力，而这种改变会让人体验到更满意的生活。极为重要的是，治疗师要尊重来访者的阻抗并帮助他们有效地应对防御。如果处理得当，探索阻抗可以成为理解来访者的重要工具。

（六）对移情的分析与诠释

正如之前所提到的，当早年关系对来访者产生影响并扭曲了他与治疗师当前的关系时，移情就显现在治疗过程中。移情情境是非常有价值的，因为它的出现为来访者提供了重新体验各种感觉的机会、而这些感觉在其他情境下是无法体验到的。通过与治疗师的关系，来访者表达埋藏在无意识中的感觉、信念和欲望。诠释移情是理解来访者内心世界的一种途径。通过移情诠释，来访者认识到他们是如何在与治疗师的关系中重复着他们与过去重要他人的关系模式，而这种重复也出现在与当前重要他人的关系中。通过适当的诠释和把早年的感觉表达出来，来访者能够意识到并逐渐改变一些长期存在的行为模式。分析取向的治疗师认为探索和诠释移情感受的过程是治疗过程的核心，因为它的目的是增强意识和促进人格改变。

移情分析是经典精神分析和精神分析取向的治疗的核心技术，它为来访者提供了一个机会，即在此时此地洞察过去对现在功能的影响。对移情关系进行诠释能帮助来访者修通那些固着并影响着其情感成长的旧冲突。从本质上说，早期关系的影响可以通过对当前治疗关系中类似情感冲突的处理得到解决。

（七）团体咨询中的运用

心理动力学模型提供了一个概念性框架，有利于我们理解团体成员的历史，并思考他们的过去是如何影响他们现在在团体中的表现和日常生活的。即使团体领导者在带领的过程中不使用很多精神分析技巧，他们仍然可以采用精神分析的方式思考。无论他们的理论取向是什么，团体领导者都要理解移情、反移情、阻抗，以及使用自我防御机制来应对焦虑等精神分析现象。

移情与反移情对团体心理咨询和治疗具有重要意义。那些依然影响个体的早期生活情境会在团体中重现。在大部分团体中，成员会引发一系列的情感，如吸引、愤怒、竞争和回避。这些移情性感受往往和成员早年对重要的人的体验类似。成员很可能会在团体中找到象征性的妈妈、爸爸、兄弟姐妹和爱人。他们经常为得到领导者的关注而竞争，就像他们小时候为了获得父母的关注而不得不和兄弟姐妹竞争一样。这种现象可以在团体中进行探索，以增加成员的意识，即小时候的竞争和过去的成功或失败经验如何影响当前的人际互动。心理动力治疗团体的一个基本原则是，团体成员通过在团体中与他人的互动重新创造了他们的社会情境，这意味着团体成为他们日常生活的一个缩影。团体可以对成员在团体外的功能水平提供动力性理解。对领导者和其他成员的投射是了解成员内在未解决冲突的宝贵线索，它们可以在团体中被识别、探索和修通。

团体治疗师也会对成员有反应，并受成员反应的影响。对团体治疗师来说，反移情是理解团体正在进行的动力的有用工具。然而，团体领导者要对自身未解决的内在冲突保持敏感，因为这些冲突会妨碍团体的有效进行，并形成一种氛围，使成员不断满足领导者未被满足的需要。例如，如果团体领导者极端渴望被喜欢和认可，他就会以获得成员认可和赞同的方式行动，从而导致他的行为主要是为了取悦团体成员和确保他们持续的支持。

团体治疗师需要保持警惕，不能滥用自己的权力，避免把团体变成一个逼迫来访者以牺牲自己的世界观和文化认同感为代价去适应主流文化价值观的论坛。团体实践者还需要留意自己的潜在偏见。反移情的概念在此可以扩展，它包括未被承认的偏见和成见，这可能是团体治疗师通过使用技术而无意识传达的。

第二节　精神分析疗法的本土化研究

随着时代的进步和各种文化的融合，人们已经逐渐地意识到心理健康的重要性，许多社会因素都可能会引发心理障碍。心理咨询和心理治疗能够有效地帮助人们提高心理健康水平，学会应对生活危机。因此，心理咨询与心理治疗在国内蓬勃地发展起来。

精神分析疗法是建立在精神分析理论基础上的一种十分重要的治疗方法；精神分析理论也在中国特有的东方哲学基础上表现出了越来越多的文化契合性。以下将阐述精神分析理论以及精神分析疗法在中国的本土化研究的现状和进展，以期在实际生活中将其更好地运用和发展。

一、精神分析理论的起源与发展

精神分析理论是由奥地利心理学家 Freud 于 19 世纪末 20 世纪初提出的。它包含着相互制约的 3 个组成部分。

第一个组成部分是精神病治疗理论，以神经病患者为研究对象，产生于探索精神病成因的过程中。

第二个组成部分是心理学理论，是关于人的心理过程的理论。Freud 在探索异常心理产生的根源时，提出无意识的概念，强调无意识是人更为原始而广泛的领域，并阐述了其在心理过程中的意义。与之相关部分包括了潜意识理论，性心理理论以及人格结构理论。潜意识理论包括意识、前意识、潜意识的相关内容。

性心理是弗洛伊德在对歇斯底里病人进行临床治疗的过程中发现的。在治疗的过程中，病人主诉大多与性有关，大多的性都来自他们幼年时的幻想或者自发的愿望。性心理理论认为人类的性欲望来自人类的童年，而不是在第二性征开始发展的青春期。人格结构理论认为人格由本我、自我和超我 3 个部分组成。本我在“力比多”的驱使下，遵循“快乐原则”，性本能冲动是本我心理活动的动力来源；自我是从本我中分化出来的，按照“现实原则”活动，是本我与外界沟通的桥梁；超我代表了社会道德标准，按照“至善原则”，从自我中分化出来的“天使我”。通常，三者处于动态平衡状态，一旦这种平衡遭到了破坏，个体就容易出现心理问题。

第三个组成部分是哲学，也就是说精神分析学说本身就是一种哲学。Freud 的精神分析理论被称为古典精神分析，在这之后，精神分析经历了内部和外部两条路径的变化。内部变化是指精神分析内部不断地重组与分裂，发展与演变。由最初 Freud 所倡导的驱力模式演化为自我模式、关系模式和自体模式，从内部推动着精神分析不断地向前发展。外部变化是指，Freud 之后的精神分析从哲学、文化学、社会学、医学、语言学等外部学科汲取养分，发展出了精神分析社会文化学派、后现代精神分析、马克思主义精神分析学、存在精神分析学以及解释学精神分析等，它们推动了精神分析运动继续向外发展。精神分析的内部变化深化了对人的本质的看法。Freud 率先进入了“潜意识”领域，为人类对自身的探索拓展出一片新天地。在后续研究中，潜意识内容的研究重点由本能驱力转为理解自我的适应功能，随后探索客体关系，最后聚焦于关系中人的心理组织和功能——自体。

精神分析的外部变化将精神分析的影响渗透到各个领域。精神分析与存在主义、社会文化、马克思主义以及后现代思潮的结合将精神分析的思想融入社会文化思想的各个领域，由最初在心理学体系中的发展逐步成长为一种包罗万象的人生哲学。

二、精神分析疗法基础

精神分析疗法是以潜意识的理论为基点，让潜意识的内容进入到意识中来，然后通过自我认识来解决心理问题。精神分析的价值在于它能够挖掘出深藏在潜意识中的各种关系（尤其是童年的精神创伤），使之进入到意识中。来访者在咨询师分析和解释的基础上，理解这些"发生"，彻底顿悟和认识自己；咨询师在此基础上加以疏导，使来访者宣泄出压抑在潜意识中的不良情绪，从而达到矫治不良行为的目的。精神分析通过协助来访者对本我的剖析，最终促进人格的成熟，提高个体的适应能力。

Freud 认为异常心理是由多种原因造成的，其组成的基本因素则是各种动机和本能的冲动。将来访者潜意识中的内容召回到意识中，并对这个部分进行分析和解释，让来访者体验"修通"感，使其了解无意识的伪装和真实含义。鉴于此，精神分析疗法最经典的技术包括自由联想法、移情、释梦等。之后发展出的凡是与动力心理学理论有关的治疗方法，均与 Freud 的精神分析理论和精神分析疗法息息相关。

三、精神分析的本土化

所谓心理咨询和治疗的本土化，是指运用适合国人心理的理论、咨询方法和治疗手段，进行咨询和治疗的工作，以实现咨询和治疗效果。对于精神分析来说，其本土化主要包括两个方面的工作：一是理清精神分析理论与中国哲学之间的关系，凸显文化契合性；二是改进精神分析疗法，也就是精神分析疗法的本土化。

（一）精神分析理论与中国哲学

不少研究者致力于文化、哲学、宗教与心理学关系的研究。儒家思想是中国最重要的哲学之一，它深刻地影响了中国人共同的价值观，塑造着整个社会与个体的超我。当然，相较于儒家思想，精神分析更倡导个性的发展。道家思想崇尚自然之道，这种思想影响了中国人的行为方式，尤其针对知识分子阶层而言，它的影响更为深远。简而言之，道家思想在一定程度上反映了中国人的心理防御机制。佛教思想是对中国人具有显著影响的重要宗教哲学思想，佛教和潜意识的关系十分密切。古典精神分析理论中内驱力模式的理论与佛教相通，精神分析治疗过程与密宗的修行暗合，但是其所要达成的目标却是不同的。总之，中国哲学博大精深，与精神分析理论之间的关系并不简单，精神分析是通往人内心世界深处的一条途径，但并不是唯一的途径，中国哲学所蕴含的文化会对精神分析的中国化提供巨大的潜在发展空间。

（二）精神分析疗法的本土化

近年来，精神分析作为一种治疗方法在中国心理咨询行业中变得日益重要。没有亲身实践经历，很难想象理论与实践之间的差异和鸿沟有多大。国内心理咨询专家钟友斌经过其多年的临床实践，创立了认识领悟疗法，这是对精神分析最为直接的本土化改进。认识领悟疗法保留了精神分析理论中的大部分内容，比如：潜意识理论、人格结构论与心理防御机制。

除此之外，认识领悟疗法与精神分析一样，看重幼年期的生活经历，尤其是童年创伤对个性形成的影响，但并不认为应该将各种心理疾病的根源都归之于幼年性心理的迟滞，也不认同所有人都存在俄狄浦斯情结。在治疗神经症的过程中，认识领悟疗法认同各种神经症病人的焦虑都有其幼年期焦虑的前例，这是成年焦虑的根源。从应用层面来讲，认识领悟疗法主要针对强迫症、恐怖症和某些类型的性变态，如露阴症、窥阴症等。其治疗过程大致包括 3 个步骤，通过"解释—认识—领悟"这样方式去处理来访者的心理症结。简言之，钟友彬创立的认知领悟疗法的优势在于没有花太多时间去挖掘早期创伤，而是通过解释等方法让来访者领悟并改变其用儿童心理来处理成年人问题的病态方式，简化并加快了治疗进程。当然，这种疗法还有待进一步完善和系统化。

目前，不仅在中国，世界各地的许多医生，包括精神病学家都对精神分析持怀疑或批评态度，他们质疑精神分析的案例报告缺少统计学意义，不具备科学研究的背景资料，认为这种治疗并不可靠。当然，这些人中的大部分并没有进行过动力学心理治疗的实践。

总之，精神分析在西方发达国家已有 100 多年的发展历史，与这些国家相比，精神分析在中国的发展仅有 10 多年，还处于缺少有资格的精神分析师的现状中。因此，精神分析在中国的本土化遇到了前所未有的机遇和挑战。但精神分析的疗效确实是不容小视的。据调查，在停止治疗以后，80%以上的病人对精神分析治疗感到满意。在德国，保险公司付费的两种心理治疗手段，其中之一便是精神分析。这些对于国内的同行对认同精神分析具有重要的作用，相信在不久之后，随着精神分析在中国的本土化进程逐渐展开，心理咨询和心理治疗会迈向一个新的发展阶段。

第三节　当代精神分析疗法发展趋势

一、荣格的人格发展观

弗洛伊德曾一度把卡尔·荣格视为他的精神继承人，但是荣格最终发展出了和弗洛伊德精神分析截然不同的人格理论。荣格的分析心理学（analytical psychology）是对人性的详尽诠释，它结合了历史、神话、人类学和宗教的观点。荣格对我们深刻理解人性和人的发展作出了巨大贡献，特别是人的中年时期。

荣格的开创性表现在他把与中年有关的心理变化放在工作的中心位置。他坚持认为，到了中年我们需要放弃许多引导我们前半生的价值观和行为，直面我们的无意识。最好的方式是通过关注梦和从事一些富有创造性的活动（比如写作或绘画）来实现。中年期的任务是减少理性思维的影响，让无意识驱力有表达的机会，并将它们融入我们的意识生活。

荣格从自己的中年危机中学到了很多。81 岁时，他写了自传《回忆、梦和思考》（Memoris，Dreams，Refections；1965），他记录了自己的回忆，还指出了自己的一些主要贡献。荣格将焦点放在个人生活中的无意识领域，这影响了其人格理论的发展。然而，他对无意识的理解与弗洛伊德大相径庭。虽然他是弗洛伊德的同事，也非常重视弗洛伊德的贡献，但荣格最终对弗洛伊德的一些基本概念提出了质疑，尤其是他的性理论。在书中，荣格（G. G. Jung）回忆起弗洛伊德对他说的话："我亲爱的荣格，答应我永远不要放弃性理论。这是最为重要的事情。你知道，我们必须将它奉为真理，我们要将这个理论看作是不可动摇的堡垒。"荣格意识到他无法再和弗洛伊德共事下去了，因为他相信弗洛伊德把自己的权威置于真理之上。弗洛伊德对荣格、阿德勒等敢于挑战他的理论的理论家几乎没有一点宽容之心。虽然与弗洛伊德分道扬镳使荣格的专业地位出现滑坡，但他别无选择。他随后发展出一套心灵的方法，这种方式非常强调主动寻找生命的意义，而不是被弗洛伊德描述的那种心理和生物力量所驱使。

荣格认为我们并不是单纯地被过去的事件所塑造（弗洛伊德的决定论）。我们会同时受到过去和未来的双重影响。人类本性的一部分就是不断地发展、成长，并朝着平衡和完整的发展水平前进。对荣格来说，我们现在的人格是由我们曾经是谁、做过什么以及我们未来想成为什么样的人所塑造的。他的理论假设是，人类倾向于实现他们所有的能力。个体化（individual）——人格的意识和无意识方面的和谐整合，是我们与生俱来的首要目标。对荣格来说，我们同时具有建设性和破坏性的力量，为了将其整合成一体，重要的是要接受我们带着原始冲动的阴暗面，或阴影，比如自私和贪婪。接纳我们的阴影并不意味着我们要被其驱使，只需简单地认识到这是我们本性的一部分。

荣格认为，许多梦包含来自无意识最深处的信息，他称之为创造力的源泉。荣格把集体无意识称为"心灵最深处、最难触及的层面"，它是人类与非人类物种遗传经验的积累。荣格看到了每个人的人格与过去之间的关联，这里的过去不仅指童年事件，还包括物种的历史。这意味着有些梦可能涉及个体与一个更大的整体的关系，如家庭、普遍的人性或世代传递的东西。集体无意识中普遍经验的图像被称为原型。其中最重要的原型是人格面具、阿尼玛和阿尼姆斯，以及阴影。人格面具（persona）是一个面具或者公众面孔，我们戴着它来保护自己。阿尼姆斯（animus）和阿尼玛（anima）代表了男性气质和女性气质的生理和心理方面，它们在两性中都存在。阴影是原型中最深的根源，是最危险和最强大的，它代表着我们的黑暗面，即我们通过向外投射且倾向于否认的思想、情感和行为。在梦中，所有这些都是我们是谁和我们是什么的表现（荣格，1997）。

荣格同意弗洛伊德关于“梦是通往无意识的途径”的说法，但是在梦的功能上他有不同的看法。荣格认为梦有两项功能。首先，梦具备预测性，也就是说，梦可以帮助人们为近期可能发生的事件或经历做好准备。此外，梦还具有补偿功能，它能平衡人们内在的两个对立面，抵偿了个体人格某一方面的过度发展。荣格将梦看作一种表达的尝试，而非压抑或伪装。梦是做梦者在矛盾、复杂及混乱中挣扎的创造性努力。梦的目的在于解决问题和整合。在荣格（1965）看来，梦的每个部分都可以被视为做梦者的投射。他释梦的方法是对一系列梦进行诠释，从而使得梦的意义逐渐显露出来。

二、客体关系理论、自体心理学和关系精神分析

精神分析理论在不断发展。弗洛伊德认为内心冲突与基本需求的满足有关。新弗洛伊德流派的学者摆脱了这一传统立场，将文化和社会因素对人格的影响结合起来，为精神分析运动的发展和壮大做出了贡献。

精神分析理论已经发展了，多年来它经历了多次重新调整。今天的精神分析理论是由各种流派组成的，包括经典精神分析观点、自我心理学、客体关系心理学和关系精神分析。

客体关系理论包含了多位精神分析理论家的工作，他们特别关注和研究依恋和分离。他们强调，我们与他人的关系受到我们对他人经验的内化和在内心建立的他人表征的影响。客体关系是一种人际关系，因为它们在心理上被表征出来，而且他们影响着我们与周围人的互动。客体一词可以用来指满足某种需要的重要他人或事物，即一个人的情感或驱力的对象或目标。当用客体来指代儿童及之后的成人依恋的重要他人时，“客体”可以和他人这个词互换。他人不是一个拥有独立身份的个体，而是被婴儿视为可以满足需求的对象。客体关系理论已经与正统的精神分析背道而驰。然而，一些理论家，最著名的是奥

托·科恩伯格（Dtto F. Kernberg），仍然试图在经典的精神分析框架内整合体现这个流派特征的日益丰富的观点。

传统的精神分析认为，精神分析学家可以发现并指出个体来访者内在的“真相”。但随着精神分析理论的发展，这个流派更重视他人的无意识影响。自体心理学（self psychology）起源于海因兹·科胡特（Heinz Kohut，1971）的研究，它强调我们如何利用人际关系（自体客体）来发展自我意识。科胡特强调非评判性的接纳、共情和真实性。科胡特和其他自体心理学家把共情放在精神分析性治愈最重要的位置上，他们真诚且共情地适应来访者，并在此基础上选择干预的措施（约翰·麦克里奥德，2006）。

关系模型（relational model）的基础假设是，治疗是咨询师与来访者互动的过程。无论把它称为主体间的、人际的或者关系的，当代许多精神分析策略都是在对治疗师和来访者双方尊重的基础上，探索复杂的意识和无意识动力。关系运动为精神分析带来了一种新的更强调平等的治疗风格。关系分析师保持着“不知道”的状态，带着真正的好奇心与来访者咨询。治疗师期待参与与来访者的互动，在治疗关系中激活来访者生活中一直重复的主题。

从弗洛伊德时代一直到20世纪晚期，治疗师和来访者之间的关系一直是不平等的。当代关系理论家对传统精神分析关系的独裁性发起了挑战，并用一种更平等的模式取而代之。关系分析的任务是以一种创造性的方式来探索每个来访者的生活，这种方式是为治疗师和来访者在特定文化下的特定时刻定制的。

反移情为理解来访者的特征和动力提供了重要的信息来源。我们可以将文化因素引入客体关系理论，它指出照料者的特点往往反映着个体所在特定文化的特点。不同的文化有不同的价值观，所以并不存在客观的心理事实。我们内在的（无意识）结构都是关系型的和相关的。这与弗洛伊德的生物驱力概念形成鲜明的对比。

大多数当代精神分析理论的核心是个体可预测的发展顺序，在这种发展顺序中，早年的自我体验随着对他人意识的扩展而发生变化。一旦这种自我——他人的行为模式建立起来后，将会对个体后来的人际关系造成影响。具体地说，人们会寻找与其早年经历所建立的模式相匹配的关系。例如，那些在关系中过度依赖或过度疏离的人，可能是重复了他们在幼儿时期与母亲建立的关系模式。这些新的理论使人们可以了解一个人的内心世界如何导致他们在现实生活和人际关系中的问题。

玛格丽特·马勒（Margaret Mahler，1968）对当代客体关系理论产生了重要影响。作为一名强调儿童观察的儿科医生，她认为，相比解决弗洛伊德提出的性器期俄狄浦斯情结问题，解决儿童从和母亲的共生关系中转向分离且独立的问题要重要得多。她的研究集中在孩子和母亲在生命头三年的互动上。个体从与母亲心理融合的状态开始，逐渐走向分离。早期融合状态里未得到解决的危机与残留，以及分离和个体化的过程，都会对个体未来的人际关系造成深远的影响。个体后来的客体关系都建立在寻求和母亲再度联结的基础上。心理发展是个体不断与他人分离并不断将自己与他人区分开来的发展过程。

婴儿出生后的前 3～4 周为正常的婴儿自闭期。在这个阶段，婴儿对生理紧张状态的反应多于对心理过程的反应。这个时期的婴儿在很多方面都无法区分自己与母亲。婴儿只能感知到部分——乳房、脸、手和嘴，而不是一个完整的自体。在尚未分化的状态下，既没有完整的自体，也没有完整的客体。当成年人出现极端的心理组织和自体感缺失时，他们可能被认为是退回到了最原始的婴儿时期。

婴儿共生期，即婴儿出生后的第三个月开始，持续到第八个月。在这个阶段，婴儿会非常依赖妈妈。在婴儿眼中，妈妈（或主要的照顾者）显然是一个同伴，而不是一个可以替换的部分。婴儿似乎期望在情感上能和妈妈维持高度同步的状态。

分离一个体化的过程始于第四或第五个月。在这段时期，孩子会逐渐脱离共生阶段的相依关系。孩子经历了与重要他人的分离，但仍然会向他们寻求确认和安慰。他们可能表现出矛盾的心理，在享受独立和依赖这两种状态间徘徊。蹒跚学步的孩子骄傲地离开父母，又跑回来，被父母赞许地抱在怀里，这个过程反映了这个阶段的主要议题。其他人被视为孩子自我意识发展的镜子，最理想的状况是这些关系可以为孩子的发展提供一个健康的自尊。那些没有经历过分化的孩子，以及那些既没有机会理想化他人又不能为自己感到骄傲的孩子，日后可能会出现自恋型人格障碍和自尊问题。自恋人格的特点是过分夸大自我价值，抱着利用别人的态度来掩饰脆弱的自我。他们会寻求他人的注意和赞赏，会不切实际地夸大自己的成就，还存在极端专注自我的倾向。自恋的人在人际互动中只专注自己、强烈地需要他人的赞赏，情感肤浅，利用别人，有时寄生在与他人的关系中。他们的特征是时常感觉自尊受到威胁，空虚和毫无生气。

“边缘”的问题也产生于分离一个体化这个阶段。患有边缘型人格障碍的人已经进入了分离过程，但因父母对他们个体化的拒绝而受到阻碍。换句话说，当孩子度过了共生阶段后，危机就会随之而来，但父母无法忍受孩子初始的个体化，并撤回了情感支持。边缘人格的特点是不稳定、易怒、自毁行为冲动性的愤怒和极端情绪的变化。他们会经历较长时间的幻灭，偶尔也会感到愉快。这种症状缺乏清晰的身体认同，对他人缺乏深刻的理解、冲动控制能力弱和无法忍受焦虑。

分离—个体化过程中的最后一个阶段涉及向恒常的自体和客体转变。这种发展通常在孩子第三十六个月时表现出来。此时，他人被认为是完全独立于自我的。理想状况下，孩子开始与外界建立关系，而不会被失去个性化的恐惧所淹没，并且他们可以在自我坚实的基础上进入后期的性心理和社会心理阶段。边缘障碍和自恋障碍似乎都源于分离——个体化阶段的创伤和发展障碍。然而，人格和行为症状的完全显现往往发生在成年早期。

三、当代心理动力治疗的方向

当代精神分析理论的各种修正为心理动力学心理治疗注入了新的活力。尽管长程的分析治疗对社会中的大多数人来说仍然是一种奢侈品，但斯特鲁普指出，针对特定疾病、有限目标和控制成本的短程治疗正在日益增长。以下是斯特鲁普总结的心理动力学理论和实践的一些方向：

● 越来越重视儿童和青少年时期出现的障碍。

● 治疗的重点已经转移到治疗长期的人格障碍、边缘问题、自恋型人格障碍。还有一种变化是为特定障碍设计特定的治疗方法。

● 日益重视在治疗早期建立良好的治疗联盟，合作的治疗关系被认为是产生积极治疗效果的关键因素。

● 对简短的心理动力疗法产生兴趣，这很大程度上是由于责任和成本效益的社会压力。

斯特鲁普对当前形势和对未来的预测是相当准确的。

简短的、有时限的心理动力学疗法的趋势，使许多精神分析取向的治疗师在保持最初对深度和内在生活关注的同时，把工作调整到一个有时限的框架里。这些治疗师支持使用短程治疗，但这是基于来访者的需要，而不是来自受监管的护理系统的武断限制。尽管短程心理动力学疗法有不同的方法，但它们都有一些共同的特点：

○ 在框架内进行有时限的治疗。

○ 在初始咨询中设立一个特定的人际关系问题和目标。

○ 与传统的精神分析疗法相比，不那么强调治疗师中立的角色。

○ 在治疗早期建立稳固的工作联盟。

○ 在治疗关系中会更早地使用诠释。

短程心理动力学疗法（brief psychodynamic therpy，简称 BPT）是非常有前途的。调整后的 BPT 将心理动力学理论和治疗的原则应用于预先设定次数的治疗中（通常为 10～25 次），用以治疗特定障碍。BPT 采用了心理动力学理论中的一些核心概念，如性心理、社会心理和客体关系发展阶段对个体的持久影响；无意识和阻抗；诠释的有效性；协作治疗的重要性；在与咨询师的关系中重现来访者过去的情绪问题。

大部分有时限的动力疗法都要求治疗师在快速形成治疗目标方面采取积极且富于指导性的态度，比如指导工作的核心议题或问题区域。这种疗法的目标可能包括解决冲突、进一步了解自己的感受、增加选择的可能性、改善人际关系和缓解症状。有时限的动力疗法的目的不是治愈，而是促进行为、思维和感觉的改变。它的实现是通过使用治疗关系来诠释来访者在生活中如何互动。其假设是：来访者与治疗师的互动重复了他们与重要他人的那种失功能的互动方式。

精神分析治疗师在面对创造聚焦于无意识过程的短程治疗而产生的压力时，特别当这些无意识过程在治疗关系中表现出来并受到影响时，短程心理动力疗法倾向于强调来访者在处理现实问题时的优势、能力和资源。精神分析技术的一个重大调整是强调来访者生活的此时此地，而不是探索他们童年的彼时彼地。

BPT 是一个开始改变的机会，这种改变在治疗结束后还会持续很长一段时间。短程治疗基于类似于长程治疗的概念和方法，但是在技术使用上却有所不同。从业者会提出问题，更直接和更有针对性地处理移情，而不是让来访者自由联想。短程心理动力学疗法强调互动、指导、聚集和自我暴露，这并不适用于所有的来访者或治疗师。这种疗法通常不适合患有严重人格障碍或重度抑郁障碍的人。BPT 更适合神经症的、积极的和专注的人。

在短程治疗结束时，来访者往往获得了与他人更为丰富的互动，他们仍然可以在日常生活中实践自己所学到的有功能的行为。在未来的某个时刻，来访者可能需要新的治疗来解决不同的问题。与其把有时限的动力学心理治疗看作是一种确定的干预，不如把它看作是在一个人的一生中为其提供多样的、短暂的治疗体验。

四、多元文化视角下的精神分析治疗

（一）多元化文化视角下的优势

如果针对治疗师的实践背景在治疗技术方面进行适当的调整，那么精神分析取向的治疗可以为很多来自不同文化背景的群体提供帮助。我们所有人都有童年经历的背景，也在一生中处理过发展危机。治疗师可以帮助来访者回顾其生命中各个关键转折点的环境形势，从而了解特定的事件是如何对来访者造成积极或消极影响的。

心理治疗师需要认识和面对他们自己的潜在偏见，以及如何通过干预把他们的反移情无意识地传递给来访者。值得称赞的是，精神分析疗法强调治疗师在接受专业训练前首先会接受密集的心理治疗。这有助于治疗师意识到自己的反移情来源，包括他们的偏见、成见和种族或民族刻板印象。

（二）多元化文化视角下的不足

精神分析治疗通常被认为遵循中、上阶层的价值观，而并非所有的来访者都认同这些价值观。此外，传统的精神分析治疗费用是昂贵的，对许多人来说治疗费高得令人望而却步。精神分析疗法存在的另一个缺陷是，大部分精神分析疗法都模棱两可。对于那些来自特定文化背景、希望从专业人士那里获得指导的来访者而言，这可能是个问题。比如，许多亚裔美籍来访者可能希望获得更结构化、指导性、问题导向的咨询，如果治疗师采用一种非指导性或非结构化的方式，他们可能就不会继续接受治疗。此外，内心分析可能会与某些来访者的社会框架及环境视角相冲突。精神分析疗法通常更关注个体长期的人格重建，而不是短期的生活问题。

考虑来访者可能有的外部资源是特别重要的，尤其当来访者来自压迫性的环境时。精神分析取向因为没有充分处理导致个体问题的社会、文化和政治因素而受到批评。如果没有平衡外部和内部的观点，来访者可能会觉得治疗师需要对自己的情况负责。然而，不加评判的立场是精神分析传统的基石，这会减少任何指责来访者的倾向。

对低收入来访者应用精神分析疗法可能会遇到一些困难。如果这些来访者寻求专家的帮助，他们通常是在处理危机状况，并希望找到具体的解决方案，或希望至少在解决与住房、就业和儿童护理等相关的生存需求上找到一些方向。但这并不意味着低收入来访者无法从分析治疗中获益，相反，在更紧迫的问题解决后，这种特殊取向的治疗可能会对来访者更有益。

五、精神分析的贡献

（一）古典精神分析理论的贡献

治疗师可以通过欣赏弗洛伊德的许多重要贡献来拓宽他们对来访者困境的理解。必须强调的是，要想有效地使用精神分析技术，大多数治疗师在培训期间受的训练是远远不够的。精神分析疗法为实践者提供了一个观察行为和理解症状起源与功能的概念框架。将精神分析的观点应用于治疗实践，存在以下几个方面的好处：第一，了解取消预约、过早退出治疗以及拒绝探讨自己等行为背后的阻抗；第二，了解未完成事件可以被处理，这样，来访者就可以改变那些限制其情绪的事件对他们的影响；第三，理解移情的价值和作用；第四，了解在咨询关系和日常生活中，过度使用自我防御是如何阻碍来访者正常功能的有效运用的。

尽管将来访者的现状归咎于过去或沉湎于过去并没有什么好处，但探讨来访者的早年经历往往有助于理解和处理来访者的现状。来访者可以通过这种觉察对当前和未来的方向进行重大改变。即使有的治疗师可能不同意经典精神分析的全部假设，也仍然可以使用精神分析概念作为理解来访者的框架，并帮助他们对冲突的根源有更保层次的理解。

（二）当代精神分析疗法的贡献

如果把精神分析疗法放在比经典精神分析更广泛的背景下考虑，它将成为理解人类行为的更强大和更有用的模型。尽管弗洛伊德性心理理论非常有价值，可以对每个发展阶段的关键转折点有更完整的认识，但在我看来，将这两种观点结合起来对理解人格发展的关键主题最为有用。约瑟夫·桑德勒（2004）的发展图式并没有回避弗洛伊德提出的性心理概念及发展阶段，相反，他将性心理发展的各个阶段贯穿一生。他的观点整合了性心理和社会心理的概念，并没有削弱任何一个的重要性。

以发展的视角来工作的治疗师可以同时看到生活的连续性和来访者发展的特定方向。这样的视角为理解个体的困境提供了一个全面的画面，而且来访者也能在生命的不同阶段发现一些重要的联系。

当代精神分析思潮的趋势有助于理解我们在当今世界上的行为，是如何由早年的某个发展阶段所形成的模式重复而来的。客体关系理论可以帮助我们了解来访者过去与重要他人的互动方式，并且看到这些早年经历如何积累起来影响着来访者当前的人际关系。很多来访者都面临着诸如分离、个体化、亲密、依赖与独立、认同等方面的同题，新的理论框架可以帮助我们理解个体是如何固着在某个发展阶段，及固着在哪个发展阶段上。这些理论也对理解人际互动的诸多方面。

在以精神分析动力学理论框架的核心概念为咨询实践提供结构和方向的同时，还可以借鉴其他治疗技术。那些致力于以弗洛伊德的病本思想为基础，并强调影响人格发展的社会和文化维度的作品极有价值。在当代精神分析实践中，治疗师在使用咨询技术方面有了更多的自由。新的精神分析理论学家对经典的分析技术进行加强，扩展和重新聚集。他们专注于自我的发展和影响个体分化过程的社会和文化因素，并对治疗关系赋予新的意义。

一些元分析发现，治疗关系和治疗联盟的质量对于分析治疗的结果至关重要，研究也证实了它们对精神分析治疗的帮助。精神分析疗法很难通过随机对照试验进行研究，因为它比其他许多治疗方式都更复杂、更个性化和更非结构化。然而，过程研究、定性研究、案例分析和积累的临床智慧仍为精神分析疗法的专业化提供了很大的帮助。尽管当代精神分析理论在许多方面都有别于弗洛伊德最初强调的驱力理论，但弗洛伊德的基本概念如无意识动机、早年经历的影响、移情、反移情和阻抗仍然是新心理动力学疗法的核心。这些概念在治疗中具有重要意义，并且可以与其他理论疗法相结合应用于治疗实践中。

第五章　心理咨询的催眠基本技术

第一节　催眠的基本概念与操作方法

一、催眠的概念

（一）催眠的定义

依照美国心理学会心理催眠分会的定义：催眠（hypnosis）是个人接受健康专家和咨询人员的指令，在认知、想法和行为引发的改变状态。催眠是在诱导状态下，达到的放松、冷静、感觉良好的状态，普遍做法是引导催眠者想象和体验幸福的经历。换言之，催眠就是指催眠参与者在完全自愿的条件下，接受催眠师的导语引起的一种催眠似醒状态。

古往今来，人们对催眠的认识各有不同。一些人认为催眠是一种改变了的意识状态；另一些人则认为催眠是正常的专注状态，他们会感到非常平静和放松。其中一些人对催眠的指令回应非常积极，另一些人则很少回应。对催眠的常见误解所产生的恐惧和担心可能影响接受催眠暗示的能力。与书、电影、电视中描述的催眠相反，在催眠中不会失去控制的人通常都很清楚自己在哪儿、做什么，除非是有失忆症。由此，催眠并非一种治疗技术，相反，它是一个可以提高治疗效果的过程。催眠治疗只能在经过合理的训练和专业的健康专家保密下使用，该专家需要经过实际的催眠训练并且在相关专业领域工作过。

催眠可用来治疗疼痛、抑郁、焦虑、压力、习惯混乱等，但并非对所有的心理问题和患者都起作用。催眠治疗决定只能由经过专业训练的健康专家提出，且只能被用作治疗。研究催眠，应了解更多催眠本身的属性，了解催眠是如何影响感觉、认知、学习、记忆和心理社会学的。研究者在生理、心理问题的治疗中，也会体会到催眠的价值。人们对催眠通常有两种认识：一种是认为催眠是一种特殊的过程，是心理学现象；另一种是认为催眠是世俗存在的，是社会学现象。

在脑神经学上，催眠通过有效的引导与暗示方法，可使受导者放松情绪，使其脑波频率达到 α 波（每秒 8～12 Hz）或 θ 波（每秒 4～7 Hz）的范围。这种状态正是我们睡眠方醒的状态，而当我们处于较浅的睡眠状态，或是静坐、禅定状态时，我们的脑波也是处于θ波。因此，人在催眠中会产生出一种自然放松的感觉，但这一状态又不是完全的睡眠状态。换言之，催眠是一种介于睡眠与觉醒之间，犹如聚精会神于某事的状态。哈佛大学医学院催眠专家弗雷德·弗兰专家说："催眠术将人们分散的思想聚集起来，它既不是昏迷状态，也不是睡眠状态，而只是一种似沉浸在阅读一本小说而听不见别人说话的状态。"

另外，催眠可使人失去痛觉，接受无痛手术；也可以减轻心理压力，强化生存意志；可以消除心身疲惫，矫正不良习惯等等。催眠还可以大幅度提高人的记忆力和意志力，这已被大量实验证实。这是因为在催眠状态下，受导者的思维同催眠师的指令形成了"单线联系"，对外界因素产生了"屏蔽效应"，从而使注意力和头脑清晰度达到极限。换言之，催眠是由不同技术引发的意识替代状态。此时人们对催眠师的诱导语极具反应性，进入一种高受导性状态，并在知觉、记忆和控制中作出相应的反应。换言之，当一个人在催眠的状况下，他的意识会进入一种相对削弱的状态，其感知觉、情感、思维，意志等心理活动都会受到催眠师的言行引导，而导致这种状态的技术，就叫催眠术。

总之，催眠的意义在于帮助来访者在潜意识状态下处理自己的情结与纠结，从而发挥出个人的巨大潜能。虽然催眠的历史要远远长于精神分析的历史，但催眠的机理与精神分析的机理是相通的，都是试图在一种轻松、自然的状态下处理当事人内心的创伤，发挥其巨大的心理能量。

（二）催眠术的历史

催眠术有着十分悠久的历史。古埃及的祭司相信当一个人处于出神（trance）的状态下，疾病就容易痊愈。由此，祭司的做法就是为了借助神的力量来驱逐邪恶。此后，世界各地的巫师、法师或祭司都会利用药草、焚香、歌咏、火焰、跳舞等手段来进行催眠，以祈请神谕来消灾或治病。

在中国民间就流传着一种"观落阴"的法术，可以引导阳间的人进入阴间去探访逝去的亲人。法师会通过焚香、摇铃、念咒等方式引导参与者进入出神的状态，并给予语言引导，使得参与者对于阴间应有的景观有所认知，最终参与对话，这其实就是一种催眠术的表现。

对催眠术的科学研究始于18世纪后半期。1766年，维也纳医师梅斯梅尔（Franz Anton Mesmer，1734—1815）在其发表的《行星对于人体之影响》论文中提出，行星可借一种看不见之微流体的传导而影响人类的健康。1775年，他又修正了自己的理论，提出"动物磁力说理论"，认为空气和人体会吸收一种磁流，当其在人体的血液和神经系统的循环受到阻碍时，人就会产生疾病。而要治疗疾病，就必须借助磁铁来打通人体的磁场。这需要借法师之手将磁流导入受治疗者体内，以治疗疾病。这套程序被称为梅斯梅尔催眠术。

1841 年，英国人布雷德（James Braid，1795—1860）对催眠现象做了科学的解释。他提出，所谓的强大的磁场只是受试进入了一种类似神经性睡眠的暗示状态。他在仔细研究了梅斯麦催眠术后发现，催眠状态的出现是神经中枢麻痹造成的。1841 年，布雷德开始用催眠来麻醉镇痛，并用凝视水晶球的方法做催眠（也称“眼睛固定技巧”），可使人进入清醒和睡眠之间的状态，即催眠状态。此外，布雷德还将希腊文中的“hypnos”（睡眠）一词改为“hypnosis”（催眠），使得催眠术有了明确的定义。布雷德发现，当人被催眠时会有下列的生理变化：人在浅度催眠时，会出现快速眼动；人会随着呼吸节奏的改变，而进入更深的催眠状态；此时，人极易受到语言暗示的影响，并可控制一些非自主行动。

1880 年，法国人昂布鲁瓦兹-奥古斯特·李厄保（Ambroise - Auguste Liébeault，1823—1904），将催眠应用于生理与心理疾病的治疗与实验上。他的研究受到了法国南锡医学院教授伯恩海姆（Hippolyte Bernheim，1840—1919）的支持。他们各自发表论文，论证催眠现象并不涉及人体的体力或磁场作用，而是由暗示引起的一种心理上的刺激与反应的组合。此外，巴黎大学神经学专家沙可（Jean - Marti Charcot，1825—1893）则认为，催眠是一种类似歇斯底里的病理现象，是一种引导出来的状态，在这种状态中病人歇斯底里病患会显现出类似癫痫的现象。

1885 年，精神分析开创者弗洛伊德（Sigmund Freud，1856—1939）到法国师从沙可，他是著名的神经病理学专家，还是萨佩特里尔医院的院长。此外，沙可还是歇斯底里现象的发现者，并用催眠术治疗歇斯底里症。在法国期间，弗洛伊德还专程去南锡观摩了李厄保与伯恩海姆的催眠治疗方法，令他印象深刻。其实，早在学生时代，弗洛伊德就通过观看通磁家的表演而对催眠术产生了浓厚的兴趣。

1886 年，弗洛伊德开设了私人诊所，并使用当时流行的电疗法。1887 年，弗洛伊德放弃了电疗法，开始尝试用催眠法来治疗神经症患者。1888 年，弗洛伊德又把伯恩海姆的有关暗示及其关于治疗的巨著《催眠法、暗示与精神病治疗法》翻译成德文，并写了详细的序文。他在与布洛伊尔（joseph Breuer，1842—1925）合著的《歇斯底里症研究》一书中提出，歇斯底里症状是因当事人压抑受创伤的经历所致。如果在催眠中将被压抑的情绪释放到正常意识里，症状便可减轻或消除。

1890年以后，在经过一系列实践和研究后，弗洛伊德认识到催眠术治疗也有一定的局限性。一是因为有些患者不容易被催眠；二是因为疗效也有限，由此放弃了催眠术而转用自由联想。但是，催眠术为弗洛伊德开创精神分析理论奠定了最初的基础。

拓展阅读

梅斯梅尔是怎样做催眠的①

在梅斯梅尔的催眠治疗中，他让接受治疗者在一间昏暗的室内，围坐在一个放满铁粉的大木桶四周。木桶的桶盖上插有许多铁棒，接受治疗者或手握铁棒或接触患部，静静等待。不久后，屋里会响起缓慢、动听的音乐，梅斯梅尔身着丝袍，手持铁杖出观，穿梭于受治疗者之间，以铁杖接触患者的身体。直到对方产生反应为止。由于其治疗方法很特别，梅斯梅尔在巴黎名噪一时，就连法国王后玛丽都热衷于此。

1784年，法国国王路易十六任命一个由科学家与医生组成的委员会，专门调查梅斯梅尔治疗法的真相。委员会的报告否定了梅斯梅尔的“动物磁力说”。将他的治愈案例归因于受治疗者的想象，即自我暗示的效果。由此，梅斯梅尔的声名一落千丈，逐渐被人忘记。

有趣的是，1784年，梅斯梅尔的徒弟皮杰格（M de Puysegur 1751—1825），在用“动物磁力疗法”为一位23岁的农夫治病时发现，当该农夫进入了一种类似睡眠的状态时，他只能听到皮杰格的话，而听不到别人的话，并对皮杰格的指令言听计从。可清醒之后，该农夫却不记得刚才所发生的事情。皮杰格将这种状态称为“人工梦游状态”。认为进入这一状态的人会有特别的疗效。

事实上，无论是梅斯梅尔，还是皮杰格，他们都没有意识到自己实际上是在用催眠术治病。由此，他们无疑是使用催眠术的先驱。到了19世纪，人们对催眠术的探讨远远超越了梅斯梅尔催眠术（Mesmersim），而进入以暗示为主的心理学研究范明。

---

① B. D. Beitman& D. Yue.《心理治疗师培训教程》[M]. 刘盈，译. 北京：中国轻工业出版社，2008.

（三）催眠的主要理论

虽然催眠有着悠久的历史，但是对其的理论研究却只是近 200 年的事情。概括地说，对催眠的理论研究和解释有六大理论。

1. 动物磁流学说（animal magnetism theory）

该理论由奥地利人麦斯麦（Franz Anton Mesmer，1734—1815）在 18 世纪末提出。他认为，人体内存在着一种磁流，在正常状况下，它维持着动态平衡。人之所以生病，是因为人体内磁流不畅，其活动失去了平衡。对此，只有运用磁疗法，才能使人体的磁流恢复正常运行。麦斯麦认为，催眠师体内存在着较强的磁流，在对病人施行催眠术（那时称为“麦斯麦术”）时，催眠师体内的磁流可通过一些导体，如磁屑、铁棒等传递给患者；也可通过催眠师用手抚摩患者的病痛部位，直接以其自身强大的磁流来纠正病人体内磁流的非正常状态，以达到磁流能平衡运作，病情好转，健康恢复的作用。该理论有许多争议，现今也已不再使用，但它却是后来众多理论建立的基石（如分离理论等）。

2. 病态理论（pathological state theories）

该理论由法国人沙可（Jean - Martin Jacob，1825—1893）提出。他认为，催眠状态实际上是人为诱发的一种精神病态，是癔症的一种表现形式，而不是正常人格的表现；催眠参与者都是精神病或神经症患者。沙可还提出，催眠现象可以分为两类：一类是大催眠状态，即完全性催眠，在这种状态下，催眠参与者的表现形式类似于癔症发作的样子，可出现强直、昏睡、梦游 3 种状况；另一类是小催眠状态，属于不完全性催眠，也就是平时所说的中、轻度催眠状态，当催眠参与者处于小催眠状态时，会表现出癔症发作的样子。该理论虽然也颇具争议，却仍在当今被人用来解释催眠现象。

3. 生理学理论（physiological theory）

该理论由俄国人巴甫洛夫（Ivan Petrovich Pavlov，1849—936）提出，他试图用高级神经活动学说来解释催眠现象。巴甫洛夫从实验中发现，单调、长期和重复的刺激可以导致睡眠。对人而言，不仅是单调的物理刺激，言语也能成为引起睡眠的刺激。由此，巴甫洛夫提出，催眠是觉醒和睡眠之间的过渡状态，因为抑制过程是普通睡眠的基础，也是睡眠的条件。这样，催眠与睡眠并无本质的区别，催眠是部分的、不完全的睡眠，或是局部的睡眠。他提出，如果在人大脑两半球皮层中的抑制过程没有遇到任何障碍，人就可以获得普通的睡眠，也就是完全性睡眠；如果抑制过程只笼罩在大脑两半球部分皮层，人就可以进入局部性睡眠，通常称之为催眠。该理论至今仍被用来解释催眠现象。

4. 分离理论（dissociation theory）

分离理论提出的主要代表人物是法国人皮埃尔·让内（Pierre Janet，1859—1947）。他认为，可被催眠的人都有精神病的基础。这是因为正常人的活动受意志支配，而人的整个意识和人格是由许多分离的部分组成的。正常人会依靠一种强有力的心力将各个分离的部分组合在一起，但如果一个人的心力太弱，他就无力统一整体中分离的部分，那样就会出现人格和精神的分离。这种分离状况将从人的行为中表现出来，而催眠正是用人为的方法来使人的心力衰弱到不能面对意念的挑战，最终出现了意识和人格的解体现象，也就出现了精神病症状的现象（表5-1）。该理论在很长时间内被用来解释催眠现象，直到后来为新分离理论所取代。

表5-1　催眠中的分离表现

分离表现的特点	事例说明
是一种离开了现在的状态	如某人在催眠中面对一个意象，回想到自己童年时的某个情景，进入了彼时的状态并感受到了那个状态，这就是分离状态
分离质量是催眠的一个标准，分离质量越好，说明来访者进入催眠状态越深	如某人在催眠中明显感觉到身体不听使唤，不能动弹，就像过电一样。其反应越明显，就越会产生一种自我确认——我被催眠了
制造分离是做催眠最核心的一点，主要是为了削弱意识，活跃潜意识。当潜意识开放了，暗示才会起作用	如某人手臂受了伤，利用手指分离做诱导，在催眠中接受暗示，感觉手臂麻木，这时候做疼痛转移，暗示将痛感全部转移到支架上，人就感觉手臂不痛了

5. 新分离理论（neodissociation theory）

该理论是由美国人希尔加德（E. R. Hilgard，1904—2001）提出的，他认为，每个人都有一系列的认知系统，它们按照级别排列着。尽管自我控制系统主宰着我们在社会允许的范围内的行动，但也有一些心理过程在这些正常的自我控制系统之外。对此，新分离理论的解释是：第一，人类的正常行为和意识控制机构并非高度一致地结合在一起，它们就像松散的格式塔样，在各行为系统之间存在着不一致性，在感觉、思维和行为之间也存在着不一致性；第二，意识流在一个以上的通道中流出，并且意识流可以同时从一个以上的通道中流出；第三，某些行为很少需要意识的注意，是自动化的，而另外一些事情却需要意识的积极参与；第四，许多意识过程的发生，无论是在性质上和还是在顺序上，都不需依靠正常的自我控制，如夜梦、白日梦以及幻想等。希尔加德还认为，一些催眠现象，如催眠后遗忘、催眠性自动书写、年龄倒退、对抗性运动项目、痛觉丧失、幻觉等，都是意识分离的强有力的证明。希尔加德的分离理论还强调了各个分离结构并非完全独立，所有的分离只是程度上的问题。

最后，新分离理论认为意识可一分为二，一个层面是接受催眠暗示的扭曲经验；另外一个层面则是催眠参与者的真正感觉，可以暂时被掩盖。例如，曾有人在舞台上被催眠了，可有一个人故意捣乱，在台下大吼一声："失火了！"结果所有催眠参与者都适时醒来了，跳到台下逃命去了。这是因为第二个层面的意识，即生存的念头，不被第一个层面掩盖，此时作出了该做的事情来。该理论是当今解释催眠现象的经典理论。

6. 角色理论（role theory）

该理论是由美国人沙宾（T. R. Sarbin）在1950年提出的。沙宾及其追随者们认为，催眠现象的出现与社会心理因素有关。在催眠过程中，角色是由催眠师的指示或暗示所导演的，催眠参与者知道该如何扮演这个角色，如何去行动。沙宾强调，催眠参与者并不一定是刻意装扮某种角色去蒙骗别人的，而是渐渐地进入了角色，并全神贯注于某一狭隘意识而失去了对现实的自我意识。这主要基于以下5个因素：一是角色期望，即他对自己处于被催眠情境下的角色的期望；二是角色知觉，即对催眠师要求体验的角色行为的理解；三是角色扮演技能，如丰富的想象力；四是自我角色一致，即自己的一些行为方式、思想方法与催眠参与者的角色相吻合；五是对角色要求的敏感性，即对催眠这一事实的认识，能对催眠师的暗示作出反应。社会角色论认为，催眠参与者会自愿配合催眠师的指示，进入了假戏真做的状态。例如，曾有演员在录完影后，因一时无法脱离原先的角色而毕恭毕敬地奉茶给扮演老板的演员，显示出社会角色论有其真实性。

催眠是一种角色规定形式，而不是意识变更所致。催眠参与者完全相信由催眠师暗示所引起的意向性体验，其中催眠感受性高的人能深入角色，戏剧性地表演规定的角色，以致不能区分他们自身和他们的表演。这也一直被用来解释诸如洗脑、传销中的集体催眠现象。

（四）催眠的是与不是

1. 催眠不是什么

（1）催眠不是睡眠

催眠不等于睡眠，这是因为睡眠不是催眠的目的，也不是其结果。其实，在大部分催眠状态下，催眠参与者都保留了控制其行为的能力，也可拒绝对催眠的暗示语，甚至做相反的行为。

（2）催眠不是幻觉

催眠可能会给人带来某些美妙的联想，但这绝不是幻觉或妄想。这是区别催眠反应病理性与非病理性的关键。其实，催眠参与者都不会把自己的体验描绘成一种幻觉，而是一种在暗示下的专注状态。

（3）催眠不是失忆

催眠会诱使人产生一时的记忆障碍，但这并不意味着永久的记忆障碍。事实上，自发性失忆是十分罕见的，也不是催眠术所能完全实现的。催眠参与者只要努力回忆，大多能回忆起以往的事情。

（4）催眠不是梦游

催眠可使人进入一种高度自我关注的状态，或松弛状态，不是催眠参与者不会因此进入梦游状态。因为梦游是一种睡眠障碍，是无法通过催眠来引发或治疗的。

2. 催眠是什么

（1）催眠是一种专注状态

催眠可使参与者进入一种自我专注的状态，可使其全神贯注于对某种意念或情绪的认知加工，如对某种生活创伤事件（丧亲、失恋等）的情绪梳理或对某种不良生活习惯（吸烟、赌博、网络成瘾）的意念控制。在此状态下，催眠参与者一直保留着自己的行为控制能力。

（2）催眠是一种恍惚状态

催眠可使参与者进入一种意识恍惚的状态，并可在催眠师的指导下进入一种美妙的联想状态（如前世回溯、未来生活的幻想）。催眠参与者需要进入这样一种恍惚的状态，才能对催眠师的指导语作出积极的回应与配合。由此，催眠的成功与其说是依靠催眠师的技术，倒不如说是依靠参与者的配合。

（3）催眠是一种放松状态

绝大多数的催眠，特别是治疗性催眠，都要经过一个放松的前奏部分。这既可使催眠参与者进入一种由衷的松弛状态，也可使催眠参与者对催眠师的指导语产生积极回应。没有这样一个过渡，就不可能诱发参与者对催眠的专注与恍惚反应。

（4）催眠是一种内观

催眠其实也是一种内观状态。在禅修中，内观的意思是如实观察事物的真正面目，以净化自身的心灵。催眠术的常用方法之一是呼吸导入，这与内观中由观察自然呼吸来提升专注力有异曲同工之处，都是为了提高知觉的敏锐度，体验无常、苦及无我的普遍性实相。因此，内观也是自我催眠与自我暗示所追求的境界。不管什么人，在任何时间、地点都可以修习，没有任何限制。

［案例 5－1］

瑜伽松弛入静法

请脱下你的鞋子，解下腰带和领带，如有眼镜也请摘下，伸直身子躺在褥垫上。

请把手放到两胁，请放松你的背脊、两肩、手指，感觉上下放松。

请闭上眼睛，把精神集中在两脚的脚尖上，让脚尖放松。

请想象你的脚、膝盖、大腿都泡在水中，感到全身肌肉都放松了。

请放松你的脸面、下巴，感觉脸上的肌肉很放松。

请想象你的身体渐渐沉起来，深深陷在褥垫中，你也感觉不到自身的重量了。

请想象你是一朵云彩，一朵特别轻盈、万念俱空的、飘浮在寥廓蓝天上的云彩。

请想象你感觉自己飘浮得很疲惫，很想落地歇息下来。

请想象你感觉很有困意，很想睡觉，很想睡觉。

我数 5 下，你就入睡了，1，2，3，4，5，入睡。

二、相关知识：催眠大事记

1775 年——奥地利人麦斯麦（Franz Anton Messmer，1734—1815）用磁铁作为催眠工具，用神秘的动物磁流说（Animal magnetism）来解释催眠机理。

1828 年——法国人李厄保（Ambrose－Auguste Liébeault，1823—1904）、沙可（Jean－Martin Charcot，1825—1893）、里歇（Charles Robert Richet，1850—1935）在法国进行的无痛外科手术。

1841 年——英国人布莱德（James Braid，1795—1860）对催眠现象做了科学的解释，认为它是治疗者所引起的一种被动的、类睡眠状态，并将此技术命名为“hypnosis”（催眠术）。

1845—1853 年——英国外科医生吉姆斯（James Esail，1808—1859）在病人被催眠并无痛觉的情况下进行了 2 000 例手术，甚至包括截肢手术。

1868 年——伦敦皇家医学及外科手术协会主席，伦敦大学教授埃利奥特森（John Elliotson，1791—1868）宣称对催眠的信任看法，并承认用催眠术进行了 1 834 例外科手术。

1883—1887 年——弗洛伊德（Sigmund Freud，1856—1939）开始对催眠感兴趣并进行实践，但由于对催眠并不擅长，他转而研究精神分析。

1891 年——英国医师协会报告了关于催眠在医学领域的应用，并全面认可了催眠的治疗作用。

1960—1980 年——美国人米尔顿·埃里克森（Milton H. Erickson，1901—1980）创立了简快催眠疗法，他终身致力于对催眠学的研究，并自创了埃里克森派催眠术。

拓展阅读

什么是催眠秀

催眠秀中的“秀”字是英文单词“show”的音译，类似于我们常听到的“脱口秀”，它是英文“Talk Show”的音译。催眠秀在欧美国家叫作 Hypnosis Show（催眠秀）、Stage Hypnosis（舞台催眠）或 Comedy Hypnosis（娱乐催眠），是欧美国家十分常见的一种娱乐形式。

催眠秀表演并不是由催眠师自己来表演，而是催眠师在现场的观众中找出那些比较容易进入催眠状态的人，来到台上进行深度的催眠体验和后面的表演。

一般专业的催眠秀表演时间在 90～120 分钟。首先是催眠师对台下观众进行催眠基本知识的介绍，消除常见的误解。然后催眠师对所有的观众进行催眠感受度的测试，基本上会有 1/10 的人第一次催眠就可以进入很深的催眠状态，催眠师的测试是在发掘观众中的这部分人。下一步催眠师会邀请对催眠感受度较高的人来到台上进入催眠引导，在引导达到一定深度以后（即适合进行表演的程度）就开始上面所提到的催眠表演，如喝水找不到嘴之类的。

水平较高的催眠师有很多类似的小项目可以做，一般一场专业的催眠秀会有十几个项目，既有集体的也有个人的。而国内初级的催眠师基本上还停留在全身肌肉僵硬，也就是常说的“人桥”或“催眠成钢板”这个项目，“人桥”这个项目其实不需要深度催眠，基本上每个人都可以做得到。最后是消除暗示，催眠秀表演快要结束时催眠师需要将之前给催眠对象的暗示移除掉，让催眠对象恢复到正常的意识状态，再给一些积极的暗示，这一步非常的重要。

到这里，整个催眠秀基本上就该结束了。

三、催眠的导入方法

（一）催眠治疗的常用导入方法

催眠导入可分为直接法（或自然法）和间接法。其中前者是通过简短、低沉的言语或轻柔地抚摸，使对方进入催眠状态；而后者是借助有光亮的小物体或单调、低沉的声源，让催眠参与者凝视、倾听，或以“催眠物”接触头或四肢，而催眠师则在一旁反复暗示催眠参与者进入催眠状态。其常用方法描述如下。

1. 视觉导入法（visual induction）

此法又称为凝视法，就是让催眠参与者聚精会神地凝视前方的某一物体（一个光点或一根棒等），数分钟后，催眠师使用单调的暗示性语言开始进行暗示，口气要十分平缓、低沉。

比如：

你的眼睛开始疲倦了，疲倦了。

你已经睁不开眼了，闭上眼吧，

你的手、腿都开始放松了，放松了。

你的全身都已放松，眼皮发沉，头脑也开始模糊了，模糊了。

你要睡了，睡吧，睡吧。

如果催眠参与者受暗示性高，就会很快进入催眠状态。如果催眠参与者的眼睛未闭合，应重新暗示，并把凝视物靠近催眠参与者的眼睛，以加强暗示，使其眼皮变得沉重起来。

2. 听觉导入法（audio induction）

就是让催眠参与者闭目养神，注意倾听节拍器的单调声或水滴声，几分钟后，再给予类似上述的言语暗示，同时还可以加上数数等。

比如：

你感觉有一股舒服的暖流流遍你的全身。

你感觉头脑有些模糊了。

你感觉越来越困倦了。

你感觉要睡了，睡吧。

……

3. 触觉导入法（touching induction）

就是让催眠师在催眠参与者面前把手洗净、擦干并烤热，然后要催眠参与者闭目放松，用手轻微触摸催眠参与者的皮肤，从前额、两颊、两眼到双手，按同一方向反复地、缓慢地、均匀地移动，同时配以类似上述的言语暗示，以增强催眠效果。

催眠师有时也可不用言语暗示，而仅用诱导按摩。也可不接触催眠参与者的皮肤，而只是用双手的移动引起温热空气波动，给皮肤以温热感，从而达到诱导性催眠的目的。

4. 药物导入法（medical induction）

如遇到暗示性低、不合作的催眠者，催眠师也可使用2.5%的硫喷妥纳或5%～10%的异戊巴比妥0.5克。稀释后，进行静脉注射，在催眠参与者进入半睡眠状态时，再导入催眠状态。

5. 艾瑞克森握手导入法（Eriksonian handshake induction）

此法由美国催眠大师艾瑞克森提出，简称“握手法”。就是要求催眠参与者将一只手伸到身前，好像正要与人握手。保持手臂悬在空中，这虽感觉不寻常，却仍然是舒服的。催眠参与者可以将视线保持在伸出的手上，或将眼睛闭上，这可由自己决定。如开始时就将眼睛闭上，参与者可在脑海中想象自己伸出的手的样子。催眠师可发出下面的指令，以促使参与者尽快进入催眠状态：

接下来将出现信号，将提醒我已经进入催眠状态。

我每数一个数字，手臂就开始变轻一些。

好像每数一个数字，都在手臂上多系了一只氢气球。

你的手臂被提起来了，每多数一个数字，就多系一只气球，手便越来越高，指向天空。

你的手臂变得越来越高，好像被升到了天空。

你的手臂变得越来越高，升到了天空。

……

拓展阅读

不同的催眠方式

催眠的方式可分为集体催眠、个别催眠和自我催眠。

集体催眠就是催眠师对病情或问题相似的催眠参与者共同实施催眠。这样既可同时治疗多人，也可消除催眠参与者的孤单感和恐惧心理。此外，集体催眠还可使催眠参与者之间相互影响，以促成催眠的成功，强化催眠参与者对催眠效果的信服。

个别催眠就是催眠师对单个催眠参与者进行催眠。这样可使催眠参与者处于更加松弛和专注的状态，特别是对于对外界环境极为敏感的人，单独催眠的效果会明显好过集体催眠。

自我催眠就是催眠参与者在催眠师的指导下对自己进行催眠。催眠一般是在安静、昏暗的房间内进行的。催眠参与者舒适地坐下或躺下，安静、放松数分钟，然后进行催眠。实践证明，90％以上的人能进入程度不等的催眠状态，30％左右的人可进入深度催眠状态。

（二）催眠导入的注意事项

催眠，是言语的艺术表现，催眠师要注意以下几点。

1. 催眠语速要平缓（be flat）

催眠师在指令中，要做到稳步推进，把握节奏，特别是在开始诱导阶段时不宜太快，最好与呼吸频率同步，后期可逐渐提升语速。

2. 催眠语调要平稳（be gentle）

催眠师在指令中，要做到平稳低沉，可以有一定的节奏感或抑扬顿挫，以起到反复暗示的效果。

3. 催眠语音要平静（be peaceful）

催眠师在指令中，要做到吐字清晰，语言简洁，意义明确，忌用方言与烦琐的言语。

4. 催眠语气要平和（be warm）

催眠师在指令中，要做到语气柔和，多用权威语气和教诲语气，不用命令语气。

总之，催眠过程中的交流要给人以诗歌朗诵的感觉，令人为之倾倒。

［案例 5－2］

李华催眠师曾治疗过一位肥胖焦虑的来访者。这位来访者对吃饭有很大的焦虑感与罪恶感。为改善其饮食习惯，达到健康瘦身的目的，李华催眠师连着3次给其做催眠治疗，并先让这位来访者接受下面的催眠暗示：

我每次吃饭都很开心，我吃的食品也很健康。

我不再担心吃晚饭会变得肥胖起来，因为那样只能让我更加担心自己吃什么。

我也不再吃完饭就用筷子捅自己的小舌，那样让我很不舒服，很恶心。

我不再觉得肥胖是一种罪恶，会让家人看不起我。

我真的不再感觉肥胖是一种罪恶，让别人看不起。

我会在吃饭时，全心全意地品味食物，它们让我变得更健康。

我吃得健康，才会气色美润，才会身材苗条。

真的，我只有吃得健康，才会气色美润，才会身材苗条。

我细细咀嚼我的食物，享受吃饭的过程，我没时间去思考其他的事情。

我只是专注于享受当下营养的美食，它们将会给我带来健康苗条的身材。

……

李华催眠师给来访者做了这样的催眠暗示，为的是使其摆脱对进食的罪恶感。来访者很配合，也与催眠师商定了一套减肥计划。就这样，经过催眠治疗和运动减肥，来访者终于减到了所期望的体重水准，气色也变好了许多。

（三）催眠脚本写作注意事项

催眠是语言艺术，催眠师能否成功带领求治者进入催眠状态，不仅取决于语气的表现，也取决于语言的表现。在催眠脚本的写作中，要注意如下事宜。

1. 脚本要突出重点（be clear）

在催眠脚本的写作中要突出要点，无论是针对某种不良情绪，还是针对某种不良习惯，要围绕其形成、后果、调整、矫正提出明确的说法，令人印象深刻。

2. 脚本要重复要句（be repetitive）

在催眠脚本的写作中，要对重点部分不断重复，旨在令人感受强烈，记忆深刻。

3. 脚本写作要简略（be concise）

在催眠师脚本的写作中，要做到语言简洁，意义明确，忌用方言与烦琐的言语，并有明显的段落感。

4. 脚本要有节奏感（be rhythmic）

在催眠师的写作中，要多用排比句（三四个词一起用），给人强烈的节奏感和音乐感。

总之，催眠治疗的脚本写作要简洁明快，给人以诗歌感，令人陶醉其中。

[案例 5－3]

王催眠师曾治疗过一位内疚症的长者。这位长者是一家医院的院长，在业务上有很大的成就。但他一直有一个纠结，就是他生在农村，长年在外学习、工作，没有能很好地陪伴父母，眼下自己功成名就，却再也没有机会报答父母了，为此他时常有人生毫无意义的感觉。

王催眠师在听了这位长者的描述后，根据其特殊的人生经历，写了下面的脚本。要他在放松、闭眼的状态下听催眠师宣读：

我感到对不起我的父母，因为在他们身体好的时候，我没有能陪伴他们。

我时常感觉很内疚，因为我再也没有机会给他们尽孝了，真的没机会了。

我这样做是不得已的，确实是不得已的，因为我需要在外边打拼，挣钱供养他们。

我这些年来行医、搞科研，取得了许多成果，这不但令我开心，也令父母引以为豪。

我虽然不常回家，但一直与父母保持联系，给他们写信、打电话，从未间断。

是的，这些年来，我一直给父母写信、打电话，从未间断过。

我回到家中，父母亲都告诉我，他们很好，不需要我回来看他们。

而且我的两个哥哥也一直在照顾父母，呵护父母，陪伴父母。

我的两个哥哥真的给了父母很好的照顾，照顾他们，呵护他们，陪伴他们。

而他们给父母花的钱，都是由我来出的，对此我一直引以为豪。

是的，他们给父母花的钱，都是由我来出的，我引以为豪，引以为荣。

如果我在家乡工作，我就不会有这般成就，有这么多的成果。

如果是那样，我也不会有这样的财力来为父母盖新房子，添置新家具。

我也不会有这么多钱去为父母治病、养生，提高他们的生活质量。

所以，我是尽了孝的，只是我尽孝的方式与我的哥哥们不同。

是的，我是尽孝了，只是我的尽孝多在财力上，这也很重要。

我记得父母常说，他们很为有我这么个儿子感到自豪，感到骄傲，感到自豪。

这，其实也是尽孝的方式，因为一想起我，他们就会开心的。

所以，对于父母，我没有什么可悔恨的，因为我尽力了。

真的，我没有什么可悔恨的，因为我确实尽力了。

我的尽力也是父母的幸福源泉，他们也没有什么可悔恨的。

所以，我不再恨自己常年在外了，因为父母也希望我安心工作。

我不恨自己常年在外了，因为父母真心希望我安心工作。

因为只有我安心工作，他们才感到幸福、踏实。

……

王催眠师做这个催眠暗示，是为了帮助他摆脱他对父母的愧疚感。在催眠过程中，他很配合，不断在流泪，不断地点头。待王催眠师唤醒他，请他谈一谈对刚才的催眠话语的感受时，他告诉王催眠师，随着王催眠师的话语，自己有了一种前所未有的解脱感和轻松感。他甚至感觉，刚才听的话，不像是出于自己之口，而像是出于父母之口，让他听了倍感温暖和喜悦。对他的催眠治疗虽只有两次，却效果奇佳，一来因为他十分配合；二来因为王催眠师的暗示脚本写得非常有针对性。

（四）如何提高催眠导入的效果

怎样提高催眠导入的效果？催眠师要注意处理好以下事情。

1. 建立信任关系

催眠成功的关键在于催眠参与者对催眠师的信任。所以，咨询师要给来访者做催眠治疗，一定要先建立起良好的咨询关系，否则来访者就难以配合催眠指令，催眠治疗的效果也无从表现。

2. 进行细致评估

催眠师在做治疗之前，一定要给来访者做一个细致的评估，准确了解来访者对催眠治疗的需求与期待（比如疼痛的根源、意图、愿望和预期），确保催眠的疗效。

3. 制订明确的方案

催眠师制订切实可行的治疗方案，也是催眠治疗成功的关键。目标定得太高或太低，都难以让来访者有成就感。所以，催眠师要寻找一个突破口，让来访者做一次催眠就尝到甜头。

4. 不断鼓励对方

催眠师要在暗示过程中不断鼓励来访者，以促使对方发挥出最大的能量。催眠师还要多鼓励来访者发挥想象力，使其能随着你的指令而产生无穷的联想。

最后有必要指出的是，有一些新上手的咨询师，因为刚学了催眠技术，就想给每个来访者做催眠治疗，这可能是危险的。因为催眠术不是万灵药，其效果取决于信任关系的建立及来访者的个体差异。咨询师越是急着要表现自己的功力，就越有可能砸了自己的牌子。所以，在催眠术的使用上，咨询师要因人而异，灵活运用。

（五）相关知识：测试受暗示性的 4 种方法

咨询师在从事催眠治疗之前，应测试催眠参与者的受暗示程度。下面介绍 4 种简单的方法。

1. 嗅觉测试法（smell test method）

用事先备好的 3 个装有清水的试管，请催眠参与者分辨哪个瓶子装的是清水，哪个瓶子装的是淡醋，哪个瓶子装的是稀酒精。分辨不出得 0 分；辨别出后两种中的一种得 1 分；辨别出后两种的得 2 分。

2. 平衡测试法（balance test method）

让催眠参与者面墙而立，双目轻闭，平静地呼吸两分钟后，催眠师用低沉的语调缓慢说："你是否开始感到有些前后（或左右）摇晃？你要集中注意力，尽力体验自我的感觉，是否有点儿前后（或左右）摇晃？"停顿 30 秒，重复问 3 次后，要求催眠参与者回答或观察催眠参与者。未感到摇晃者得 0 分；感到轻微摇晃者得 1 分；感到明显摇晃者得 2 分。

3. 记忆测试法（memory test method）

让催眠参与者看一幅画，画上有一个房间，内有 2 扇窗户和 3 把椅子。10 秒后拿走画。问："房间里有 3 把椅子还是 4 把椅子？有 2 扇窗户还是 3 扇窗户？"若回答与问话一致，则具暗示性，每一问得 1 分；若回答与画面一致则得 0 分。此项测试的得分为 0～3 分。

4. 视觉测试法（vision test method）

在白纸上画两个直径均为 4 厘米、间距为 8 厘米的大圆圈，圆圈中分别写上 12 与 14 两个数字，然后问催眠参与者哪个圆圈大。若回答一样大得 0 分：若回答其中之一大者得 1 分。

通过 4 项测查，催眠参与者可得 0～8 分，分数越高表示催眠参与者的暗示性越强，被催眠的可能性就越大。

第二节　催眠与正念干预社交焦虑的神经机制研究

一、社交焦虑概述

（一）社交焦虑障碍（Social anxiety disorder，简称 SAD）

社交焦虑障碍是一种精神类疾病，在社会交往情境中常表现出对评价的强烈恐惧。患者倾向于关注自身内在线索（如负性的想法）和外在暗示（如面部表情）。SAD 的基本特征是对人际交往具有强烈的恐惧或焦虑，害怕面对负面评价，过度焦虑自己的言语与动作从而表现得过于焦躁不安，如身体不自主震颤、血压升高、说话吞吐，由此引发不必要的紧张。其中，国人在与此相关的焦虑患者中，存在严重的人际交往问题。这类群体在人际交往时或社会情境中，十分容易产生不良的自我觉察，对他人的语言或行为表示异常敏感，尤其是有关自身方面，这些认知容易误导群体出现一些异常行为。例如，减少与人交流、减少出现在公众场合等，同时会使人产生惧怕交际的想法，并且导致这一精神疾病越来越严重与普遍化。

研究者亟需弄清 SAD 的大脑加工情况，从这个角度来发现更好的方式改善个体的症状水平以及恢复到正常的社会生活。

（二）社交焦虑障碍的认知缺陷

社交焦虑障碍会出现很多认知功能的缺陷。例如，焦虑个体容易注意到不良的生活事件或是刺激，过度的注意会产生一些反复的思考与回忆，尤其当听到他人评价自己时，他们容易提取负面语言，反复思考，严重者会导致个体开始回避社交，长此下去，社交焦虑的症状越来越严重。电生理研究表明，患有SAD的成人表现出异常的注意过程，包括早期高度警惕，后期对社会威胁刺激的注意回避（即视觉处理减少）。研究表明，患有SAD的成年人在认知重评中，涉及认知调节（背外侧前额叶皮层、背前扣带皮层）和注意调节（背扣带或楔前叶）的大脑皮层的活跃度减少。

患者易于夸大自身的恐惧感受、回避社交和存在审查或判断风险方面的误差。有研究说明，对消极的自我信念的情感反应、负性情绪刺激具有注意偏向性的特点可能是维持焦虑的重要因素。也有研究发现患者存在扭曲的自我观点，而自我观点可以有力地影响一个人的思考、感觉和行为方式。特别是在社会环境中，自我观点与社会功能的关系在SAD的临床背景中尤为显著。因此，社交焦虑的社会信息处理模型表明，扭曲的自我观点，特别是认为自我是社交笨拙或有缺陷的自我观点是其一个基本特征。这些都表明，不适应的社会自我反思过程与对自我的认知偏差评估有关，从而产生负面情绪，扰乱情绪调节和行为表现，降低社会自我效能感。

（三）社交焦虑障碍的相关疗法

到目前为止，认知行为疗法、化学治疗以及无创性脑刺激技术等在其他领域带来了一些好的结果反馈，但在社交焦虑障碍治疗与认知干预上，很多患者未从这些干预疗法中获得良好的收益。化学疗法在较短的时长内有一定的作用，但会产生一些不良的结果；心理治疗中基于个体思维产生相应行为的训练方法具有个体水平的差异，例如，性别、受教育年限；脑刺激技术治疗的效果具有一定的不稳定性，还可能会对人体造成一定的伤害，其作用机制尚不清楚。因此，探究相关疗法治疗社交焦虑障碍十分必要。

（四）催眠与正念训练

已有研究者发现，催眠（hypnosis）作用于焦虑障碍等心理问题产生了显著的疗效，催眠被定义为一种注意力接受的状态，产生个体自身体验和环境体验的变化。催眠是由主试将被试带进一种特殊的状态，并且实施一些具体的操作过程，包括催眠暗示与催眠诱导，如特定的语言与行为等。在这一过程中，一些高感人群会对主试的操作作出一定的反应回馈，并有着觉察、思维逻辑等的改变等；低易受人群此类体验不明显。在开始前，催眠师需用一定的方式来与被试者建立特别信任的关系，用语言和特别的环境使被试者进入这种意识状态下，只关注和接受治疗者的信息，让其达到治疗目的的一种心理治疗方式。催眠状态实际上并不是睡眠，并不是意识的一无所知，它是一种特殊的似睡非睡的状态。

催眠来源于精神分析，是我们在平常没有被催眠的状态下难以意识到的，这期间，几乎只接受催眠师传给被试者的信息，或者是在治疗过程中予以一定的暗示来改善心理症状，同时使心理逐渐恢复健康。催眠是西方的心理疗法，它涉及注意力的高度集中，被称为吸收，再加上分离，经验的划分，以及对他人指示的暗示性、非判断性行为反应。这一方法在躯体疾病、焦躁不安、生活作息失调等方面的改善，具有一定的作用。关于催眠是一种独特的神经与认知的生理状态，还是仅仅为预期和社会影响的产物，一直存在争论。社会认知方法强调预期的重要性，特别是涉及“催眠”一词的使用，并认为催眠体验是社会对认知和行为的连续影响，而不是反映神经或精神状态的变化。当被试者只是被告知在没有进一步指导的情况下进入催眠时，低催眠者会关注日常受关注较多的问题，而高催眠者则会体验意象或积极的情感、特殊的体验。当前，催眠主要应用在焦虑症、抑郁症等治疗领域。催眠是一种综合性的非药物治疗方法，越来越多地用于多学科疼痛管理。

正念训练被证明同样具有缓解焦虑、放松身心的作用。“正念”起先产生于禅修圣地，在这里，正念被广泛使用，它是指个体有思维逻辑能力、没有用过度的语言或者态度来评价所发生的事情，即保持一种淡然的生存态度。1921年，正念首次被翻译为 mindfulness，主要包涵觉察、注意和记忆 3 个部分。

正念减压疗法（Mindfulness - based stress reduction，简称 MBSR）包括有意识的呼吸，身体扫描式的放松训练，非正式的有意识的正念和慈爱的冥想练习。有科学家从佛门圣地中抽取出正念这一疗法，去除其存在的教条组成部分，培养出多种基于此疗法的其他干预方法。正念即有意识地运用人们的思维、认知、感知觉等去觉察周边的事物。这一疗法旨在告诉人们不过度评价地去认识世界。所以，在学习这种疗法的过程中，是有认知成分参与其中的，而非毫不知情。正念疗法可以通过改变情绪调节能力来减轻压力、焦虑和抑郁的症状，但尚不清楚其可以增强哪些特定的能力。进行正念减压后，SAD 患者的焦虑程度显著减轻。

对于 SAD 的成年患者来说，正念疗法可能有更具体的影响，如改变一些核心的认知偏见（如扭曲的自我观点、适应不良的注意力和情绪处理、认知调节不足），这些都是社交焦虑的基本特征。正念疗法还被证明可以减少对短暂思想和身体感觉中情绪反应、反思的习惯性倾向；减少压力、抑郁和焦虑症状；改善扭曲的自我模式；加强行为的自我调节。

在心理疾病的发生发展中，有许多种高频出现的焦虑问题，例如社交焦虑障碍，此类心理问题已成为大众普遍讨论与关心的焦点问题、研究者关注与亟须解决的地方所在。其对个体及其家庭、社会等多方面造成较大的影响，如发展成为严重心理问题、干扰正常交往、产生大量的社会资源流失等。虽然在催眠干预研究中，核磁、脑电等事件相关电位等技术不断渗入，使研究者在时间与空间上，加强对问题的基础研究，但是由于实验操作方式或者是笔试的主观性等原因，在所得实验研究结果与发现的脑皮层活动问题上，二者之间关系的结论很少有共同之处。众多的研究结果导致初学者无法有一个可以参考的标准，对这一问题研究得不够深入细致，从而影响到相关治疗方式在实验研究与临床的运用。相似的情况也在正念这一疗法中出现，已有研究证明正念能够提高注意力调节、自尊、生活质量，减少消极的自我观点、特质焦虑、消极的情绪反应、抑郁等，但并不十分清楚正念干预社交焦虑的神经机制。

（五）社交焦虑障碍的神经机制

近年来，医学影像技术的进步促进了疾病脑科学研究的进一步探索，如老年痴呆、焦虑等。人们开始在焦虑脑科学研究的理论基础上，进一步地探究其中的原理机制。相比电脑这一时间上占优势的技术手段，核磁共振技术的空间分辨率更高，能更清晰直观地反映焦虑障碍个体突出的神经皮层活动变化，并且直观地定位相关皮层区域。核磁这一技术手段，是运用个体活动时，大脑皮层出现活动状态而产生的耗氧量与正常状态下所需量之间的不匹配状态，这时磁共振成像区域会出现相关皮层的信号增强，故出现神经活动情况。所运用到的成像数据静态核磁数据，亦可理解为无实验范式的核磁扫描。即让被试者在安静的闭眼状态下进行数据采集，时长较为合理且整个过程简便易操作。

研究者发现，催眠干预后，焦虑患者的前额叶、岛状和躯体感觉皮层的神经功能连接激活，前额叶激活，杏仁核活动受到抑制。催眠后，社交焦虑量表得分下降，焦虑人群对于刺激的视觉偏好和注意长时间固定的表现有所缓解，情绪生成脑区（杏仁核、脑岛等）活动受到抑制，认知控制脑区（前额叶皮层等）活动受到激活，调控脑区与生成脑区之间功能连接增强。在催眠过程中，前额叶、岛状和躯体感觉皮层的神经功能连接增强，催眠使得左侧眶额皮质过度激活，影响的脑区包括扣带（主要在它的前部）、前额叶、岛状、纹状体和其他中脑区域。

正念干预后，右侧脑网络区域包括背外侧和腹外侧前额叶皮层，岛皮质、腺上回、角回、顶叶下小叶活动增强。正念训练后，患者表现出焦虑和抑郁的改善、自尊提高、减少了负面情绪体验、杏仁核活动减少、大脑区域涉及注意的脑区（前额叶皮层、顶叶等）的活动增加。正念能够提高注意力调节、自尊、生活质量，减少消极的自我观点、特质焦虑、消极的情绪反应和抑郁。经过正念干预后，社交焦虑下降与顶叶皮质的注意力增加以及大脑区域对消极自我信念的情感反应的下调有关。正念训练增加了大脑相关区域的活动，包括认知调节和注意调节。

使用影像学技术来直观化焦虑个体的脑网络情况，发现在社交场合或者人际交往情境中，焦虑个体的杏仁核、海马等活动增多，而额叶皮层等活动减少。前人发现，SAD 患者的认知调节（背外侧前额叶皮层，背前腹股沟相关的脑网络）、情绪调节（右杏仁核等）和注意调节（后扣带，顶叶下小叶，腹股沟上回等）影响负性情绪反应的认知重评。这些基础研究有助于我们更好地弄清 SAD 的脑机制。治疗社交焦虑的方法有许多种，使用催眠和正念来干预社交焦虑群体，结合影像学成像技术更加直观形象地了解其中原理，比较两种疗法治疗后的脑部网络活动情况以及量表水平的结果，可以发现与以往研究的不同之处，并努力达到临床实施阶段的要求。

二、社交焦虑症状缓解

SAD 患者在正常社交场合之中，容易表现出胆怯与不安。这些行为表现又反过来作用于个体的人际交往能力。使用正念干预与催眠干预来对患者进行治疗，两种疗法均有效地缓解患者的症状水平，表现为社交焦虑量表得分的下降，与前期的设想、以往相关结论相似。在治疗后的 7 天、30 天和 90 天追踪调查中，研究者发现两种疗法的作用可延续 90 天及以上，即有着较为可观的作用。其中催眠组的社交焦虑量表得分在实验后及 7 天内下降到最好的效果，正念干预组表现出社交焦虑量表得分的持续缓慢下降。在治疗后的 30 天和 90 天的追踪测试研究中，催眠干预组社交焦虑量表得分开始上升，这可以归因于催眠是引导与暗示被试在当前现状中放松，而正念则是教会被试用一种态度去面对社会情境。整体上看，催眠组的社交焦虑量表得分较低于正念组，但两种疗法的效果未出现显著区别，可能是在整个实验过程中，实验干预周期较短、干预过程的主客观因素等导致的。

催眠组和正念组相比，被治疗者的胆怯和恐惧特质水平出现显著降低，信任水平显著提高。在社会生活中，社交焦虑患者存在一个突出的表现，即对于社交情境的羞怯以及害怕来自他人的负性评价。在社会生活或绩效情境中，患者常常害怕他人的评价，尤其是负性的评价，他们会倾向于否定自身。而研究者发现催眠可以有效地改善患者的胆怯和恐惧特质程度、提高信任水平，这表明催眠疗法有较好的综合疗效，或许可以作为治疗社交焦虑的一种方法。

三、磁共振影像学上的改变

（一）无任务状态下的神经机制分析

通过分析影像学技术所得结果，比较社交焦虑患者的脑网络差异，结果提示此类人群的脑区差异表现在右侧枕中回、右侧眶部额中回、右侧舌回活动增强；在右侧三角部额下回的活动受到抑制。所发现的脑网络结果和以前的研究有相同的部分。额中回在额上沟和下沟之间，与半球下表面的眶前回相连，约占人脑额叶的1/3，其主要负责调控人类的肢体平衡和思维应变能力，同时有一定的激素调节作用。舌回是一个大脑皮层结构，左右脑各一个，主要负责视觉，尤其是字母的加工。之所以称这个结构为舌回，是因为它的形状很像我们的舌头，但事实上这个区域和语言功能没有直接的关系。另外，舌回可能参与逻辑思维分析和视觉记忆的加工。额下回是掌控工作记忆、认知等多项功能的重要区域。通常这些脑部区域活跃的人群，一般具有较强的社交技能，个体性格较为活跃。社交焦虑患者在干预前，右侧三角部额下回的活动受到抑制。这可以解释社交焦虑特质的人群在认知方面存在一定的局限、社交技能方面存在一定的不足。社交焦虑特质的人群可能不常进行内省，即对自己的思想、认知、情感或知觉经验进行自我考察，或者是深沉、连续地思索与想象。患者不善于利用社会信息来正确面对此时的人际场合、辨别出不同的外在信息，大脑同时作出正确而及时的反馈，例如，激活认知调控脑区，从而对外界刺激作出正确的反应。社交焦虑患者的右侧额上回受到一定的抑制，这可能是患者常常无法很好地应对人际或社交场合的原因。右侧眶额上回、角回等脑区在认知、思维等高级活动中有很大的作用。广泛性焦虑患者在人际交往中，常常对人或者事物有着很大程度的共情能力表达，已有研究证实了角回在此类患者大脑区域较为活跃。而角回正是发挥共情能力的大脑区域，同时过度的共情使得个体回忆起曾经的消极事件而产生一些负性情绪。

在催眠干预之后，焦虑特质人群的顶上回受到激活，辅助运动区与海马的活动受到抑制；而正念干预后的脑区区域变化较小，可能是由于正念主要是针对放松训练、呼吸冥想与想象体验，没有改变深层次的思维、逻辑等。催眠涉及了放松技术、人类认知与暗示的改变，甚至可以结合其他心理疗法来达到治疗效果的最优化，使焦虑相关的思维与认知水平降至最低。

（二）局部一致性

催眠组与正念组局部一致性数据的分析显示，社交焦虑患者的左内侧额上回、杏仁核局部一致性激活；右侧枕中回、右侧楔叶局部一致性发生了抑制。两组比较发现，催眠组较正念组表现为更强的右侧枕中回等局部一致性的激活；左侧眶部额下回、右侧角回、杏仁核等局部一致性的抑制。催眠干预后，个体的前扣带皮层、楔前叶等处于抑制状态，而这两个脑区在个体高级认知过程中有重要的作用。社交焦虑患者楔前叶的局部一致性值提示降低，可能与被试存在的有偏差的自我觉察有关。社交焦虑障碍患者的核心神经特征主要是杏仁核、海马等情绪生成脑区的异常活跃，那么反过来，抑制此类脑区的激活可能有助于改善患者的焦虑情形，同时体验到更少的消极感受。个体在经过催眠干预之后，其注意力、认知得到改善与提高，个体增强对自身的情绪控制、对自己有一个更为客观准确的认知。综上所述，两种治疗方式能够改变 SAD 患者思维等相关的高级脑网络区域，其中，催眠疗法能够显著地抑制杏仁核、右侧枕中回以及左侧辅助运动区等的局部一致性。

（三）功能连接

实验将两种干预方法所得静息态局部一致性结果作为感兴趣区域（ROI），来比较两组的感兴趣区与全脑所有体素功能连接的变化。催眠组较正念组更能改善社交焦虑个体神经机制功能连接的异常。催眠改变了额下回与左右侧中央前回、辅助运动区、脑岛、角回、楔前叶区域内的功能连接。相较于正念疗法，催眠干预激活了左侧眶部额下回与左侧额中回、右侧脑岛、左侧角回区域内的功能连接，降低了右侧枕中回与左侧角回、右侧丘脑之间，右侧角回与右侧内侧额上回、左侧杏仁核、右侧角回之间的功能连接。所发现的这些相关脑区在干预后发生了一些变化，进而调整了个体的感知觉、高级认知、逻辑思维能力，改善个体的焦虑症状与水平，但正念疗法对以上脑网络的改变微小。以往的研究中，发现角回的活动会对人类记忆过程中的情绪反应有影响，也有相关脑区域的活动改变，这一发现在焦虑患者中尤为明显。所以，我们大胆地认为左侧眶部额下回与左侧额中回、右侧脑岛、左侧角回区域内的功能连接出现激活，右侧角回与左侧额下回、左侧脑岛、左侧舌回的功能连接出现激活的改变可能与 SAD 的情绪回避反应机制有关，自上而下的脑机制反应是焦虑症影像学研究常出现的结果，杏仁核、海马等与负性情绪相关的脑区受到高级脑区域的调控，从而改善个体的焦虑或者患病水平。因此我们猜测，经过干预后，右侧角回与右侧内侧额上回、左侧杏仁核之间的功能连接发生抑制的这些结果，在很大程度上是改变了个体对于不良事件的情绪反应，例如负面情绪体验感降低等，也由此改善了个体的症状。

第三节　催眠治疗的操作方法

一、催眠治疗概述

（一）催眠治疗的概念

催眠治疗（hypnotherapy）是指通过言语暗示使催眠参与者处于类似睡眠的状态（催眠状态），然后进行必要的心理暗示与治疗的方法。在这当中，催眠参与者的受暗示性、合作态度和接受治疗的积极性是催眠治疗成功的关键。

具体地说，催眠疗法通过催眠技术，先将求治者诱导进入一种特殊的意识状态，再将催眠师的言语整合在求治者的思维和情感中，从而产生预期的治疗效果。换言之，催眠疗法通过言语暗示将求治者带入一种类似睡眠的状态（即催眠状态），然后对求治者实施言语暗示或指导，以求缓解或消除求治者的某些症状表现。

在操作上，催眠师会运用不断重复、单调的言语或动作向求治者进行感官刺激，诱使其意识渐渐进入一种恍惚状态。在这种状态下，人的认知判断能力会降低，防御机制会减弱，并会表现得十分被动、顺从。

此外，催眠参与者的情感、意志和行为也会根据催眠师的指令而转换，对周围事物的感受性也会大大降低。在催眠状态下，求治者会回忆起早已被“遗忘”的某段生活经历，或是畅述内心的隐私。在催眠理论上，人在催眠状态下会呈现出一种意识分离状态，只与催眠师保持密切的感应关系，并顺从地接受其指令。在此状况下，催眠师会对求治者进行必要的心理疏导，或采取模拟、想象、年龄倒退、临摹等方法来进行必要的心理治疗（表5－2）。

表5－2　催眠治疗的范围

治疗范围	举例
精神疾病	神经症（如焦虑症、恐惧症、强迫症等）
	精神疾病睡眠障碍（如睡行症、梦魇、失眠症等）
	心境障碍（如抑郁症，躁狂症、双相障碍等）
	儿童行为障碍（如多动症、品行障碍等）
心身疾病	心理生理障碍（如溃疡、ED、高血压、胃肠功能紊乱、牛皮癣等）
	某些神经系统障碍（如面神经麻痹、偏头痛、小儿麻痹症等）

（续）

治疗范围	举例
其他用途	改善情绪、缓解压力（如烦躁、郁闷、焦虑、孤独等）
	纠正不良的行为习惯（如抽烟、酗酒、暴食、厌食等）
	开发潜能（如提高记忆力、行动力、自我管理能力、学习技巧等）

[案例 5-4]

我小时候有一次去医院打针。平时我对打针充满了恐惧和焦虑，而那一次打针又是在胳膊上，痛感会更强。所以面对医生手中的针管，我快要哭出来了。

看着我一脸紧张的样子，注射的医生对我说："小孩子，不要怕，你是男孩子，要表现得像个男子汉。下面开始打针，我会给你背一段毛主席语录，等我背完了，针也就打完了。好不好?"

"好。"我机械地回答。然后他大声背诵："毛主席说，下定决心，不怕牺牲，排除万难，去争取胜利。"

就这样，针打完了，我从此也不怕打针了。奇怪的是，再次接受针管注射，我的痛感也没有那么强了。因为我要向人们证明：我是一个男子汉！

（二）催眠治疗的分类

简单说来，催眠治疗的程度可分为浅度催眠、中度催眠和深度催眠。

浅度催眠就是通过催眠导入而令催眠参与者感到浑身倦怠、肌肉松弛、呼吸深缓、无力睁眼，醒后对催眠中发生的事情有回忆能力。中度催眠就是通过催眠导入令催眠参与者感到睡意甚浓、浑身无力，醒后对催眠中发生的事只保留部分记忆。深度催眠就是通过催眠导入使得催眠参与者除对催眠师的说话有反应外，已基本没有知觉，且四肢僵直，甚至对针刺刀割也无痛觉，可施行外科手术。

一般来说，催眠参与者处于浅度催眠状态时进行心理治疗效果最好。这时，可根据催眠参与者的症状，其回忆已遗忘的过去的经历，宣泄其创伤体验；可以询问其病史，生活和工作中的控诉等，为治疗收集资料；可以暗示其做些动作或讲话，如通过讲话来纠正缄默症；也可以告诉催眠参与者某些症状很快就会消失，等等。

总之，催眠诱发方法各异，众说纷纭。至今仍无统一的分类。表 5-3 对催眠术的方式作出了简单分类。

表 5-3 催眠的方法分类

催眠条件	简单描述
以催眠手段划分	药物催眠：即使用麻醉药物来催眠（如异戊巴比妥、硫喷安纳等麻醉药物）
	非药物性催眠：即使用无麻醉药物来催眠（如使用葡萄糖酸钙等）
以催眠程度划分	浅度催眠：即参与者进入浅层催眠状态（如出现宁静、肌肉松弛状态）
	中度催眠：即参与者达到中层催眠状态（如出现无力、迷茫状态）
	深度催眠：即参与者达到深层催眠状态（如出现僵直或梦行状态）
以催眠技巧划分	言语催眠：即催眠师运用语言来进行催眠
	动作催眠：即催眠师运用动作来进行催眠
以催眠人员划分	他人催眠：即由催眠师本人施行催眠
	自我催眠：即由参与者对自己施行催眠
以催眠速度划分	快速催眠：即对参与者进行瞬间的催眠
	慢速催眠：即对参与者进行逐渐的催眠
以催眠人数划分	个别催眠：即催眠者对单一参与者进行催眠
	集体催眠：即催眠者对群体参与者进行催眠
以催眠距离划分	近距离催眠：即面对面地为参与进行催眠
	远距离催眠：即催眠术对参与者进远距离（如电话催眠、书信催眠和遥控催眠等）
以催眠环境划分	自然催眠：即受环境影响而产生的自然催眠现象（如在唱歌时的群体亢奋状态）
	人工催眠：即催眠师实施的专业催眠
以意识状态划分	觉醒时催眠：即对参与者在意识清晰时进行催眠
	睡眠时催眠：即对参与者在睡眠状态下进行催眠

总之，催眠可令人做事更专注，且更有精力，特别是在成功学的培训上，自我暗示的力量得到了淋漓尽致的发挥。如有些患有考试焦虑症的学生，在经过催眠暗示的指导后，会在考场上超常发挥，轻松答完考题，也没有感觉那么紧张、疲累。

[案例 5-5]

一位长期失眠的神经衰弱患者来求助，我在催眠状态下对他进行暗示：

你很容易接受催眠，说明你大脑的功能良好！

催眠已使你轻松、愉快，焦虑紧张的状态已经消失了，已经消失了。

只要你放松你的大脑，放松你的双眼，放松你的手脚，你就会有睡意的，有困意的，你就会入睡的。

你的失眠就会治好的，就会消失的，到时你就不会再失眠了！

以后你每晚9点钟一定会睡熟……直至次晨六七点方醒。

醒来后你会感到精力充沛……你的失眠就会痊愈了，就会痊愈的。

……

治疗结束后，我唤醒该患者，或让其睡完觉后逐渐醒来，又用了下面的指导语：

好了，治疗结束了。今天晚上你就可以舒舒服服地睡一觉。

待醒后，你一定会精神饱满，头脑清醒。

从此以后，你就会自然睡得好，睡得好的。

……

此时，我根据其病症，用肯定的语言向他指出有关症状将会消失，并就其神经衰弱的心理成因进行了精神分析，找出其心理根源在A型人格特质，并与他商讨了一套很有针对性的放松训练方法。

经过如此两次治疗之后，患者的症状有了很大的缓解。

[案例5-6]

一名戒烟者做了几次咨询后，我给他安排了一次催眠治疗，以加固其积极习惯的养成。我先暗示他说：

你已经做了停止吸食有害纸烟的决定。

你感到非常自豪，你将疾病和死亡终身替换为健康和幸福。

吸食有害的纸烟，就好像把嘴巴搭到汽车肮脏的排气管上，吸入大量有害的气体，你永远都不想做这件事。

……

听到这里，来访者眉头深锁，一脸厌恶的表情。

接着，我又暗示说：

你的愿望是获得健康，从现在开始。

你热爱吃健康的食物，你拥有锻炼的动力。

你的肺每天都享受着新鲜空气，并制订了一个停止吸烟的计划。

你开始计划并要确保变得长寿且健康，再也不受毒烟废气的危害。

你来到了海边，手里握着最后一包烟，你把它狠狠地投入大海中，感到无比地解脱。

你看到那包烟被海水冲走了，消失了。不见了。

真的，你看到那包烟被海水冲走了，消失了，不见了。

你的不良习惯也就一同消失了，不见了，没有了。

你感到自己也变得越来越健康，越来越自信，越来越可爱。

你吸入一口新鲜无比的空气，感觉呼吸是那么的快乐。

你为自己感到自豪，因为你做了一个精彩的决定，从此开始积极快乐地生活。

此时，我看到来访者深锁的眉头渐渐舒展，脸上也露出了笑容。

……

经过3次催眠加固之后，来访者终于完全摆脱了香烟的“诱惑”。

最后，我想强调的是，催眠治疗能否起作用，关键在于两点：一是求治者是否愿意配合，接受暗示；二是求治者是否有成功体验，尝到了甜头。没有这两点，就是技术高深的催眠师也难免失误。因为实践是检验真理的唯一标准。由此，催眠师要在治疗中把握好时机，选择好人选，不能因求胜心切而欲速则不达。

（三）催眠治疗的步骤

一般来说，催眠治疗可按以下5个步骤来操作。

1. 询问解疑（diagnosis）

催眠师了解催眠参与者的就诊动机与需求，询问他对催眠的看法，解答他对催眠的疑惑，以确定他能了解催眠时会发生哪些事情。在这当中，催眠师要花时间介绍催眠的特点和作用，以免除人们对催眠的普遍误解。

2. 诱导阶段（induction）

催眠师运用语言引导，让催眠参与者进入催眠状态，其常用的诱导技巧包括：渐进放松法、眼睛凝视法，深呼吸法、想象引导法、手臂上浮法及其他变形与伪装的方法。

3. 深化阶段（deepening）

催眠师引导催眠参与者从轻度催眠状态进入到深度催眠状态，其常用化技巧包括：手臂下降法、数数法、下楼梯法、搭电梯法、过隧道法，等等。除了这些常用技巧，催眠师还应该随机应变，临时创制出新方案来。

4. 治疗阶段（healing）

催眠师根据催眠参与者的需求来实施治疗，催眠师需要良好的心理治疗与精神病理学知识，最好也在宗教、哲学、史学方面有所涉猎。该阶段既是催眠治疗的灵魂所在，也是催眠治疗的功夫体现，会让催眠师与催眠参与者一同体验到“登天的感觉”。

5. 解除催眠（ending）

催眠师让催眠参与者从催眠状态回到平常的意识状态，以确保他对整个治疗过程保有清楚的记忆。催眠师还要给予适时的催眠暗示，帮助他在结束催眠后，感觉很好，并且强化疗效，通常以数数法为主。

总之，在催眠治疗过程中，催眠师与其说是一位催眠程序的工匠，倒不如说是一位催眠的工艺家。他需要针对催眠参与者的个性需求，制订出有针对性的治疗方案，并加以有效的实施。

（四）催眠治疗的注意事项

1. 注意调整好催眠的环境

催眠师在工作之前，要注意环境设置。要选择较为安静、舒适、温馨的环境，以有利于被催眠者的情绪放松，并使人感到舒适和安全。

2. 注意调整好催眠的时间

催眠师一次工作时间约在 1 小时，且最好在下午或是晚上。催眠师可根据催眠需解决问题的不同而加以调整。一般说来，催眠治疗应有 5 次以上，第一次为适应性治疗，第二次才真正开始治疗。一般 10 次为一个疗程。

3. 注意调整好身体的状况

催眠师在治疗前，应提醒来访者不要进食太多，不要饮酒（因为饮酒后会出现头昏、头痛、咽燥等反应）。不要服用人参、激素等。此外，来访者还应该在接受治疗前保证睡眠充足，并保持规律的生活。

4. 注意调整好健康的状况

催眠师要了解来访者的健康状况，注意避免因催眠暗示而引发的精神疾病或不良的情绪反应。禁忌范围包括几个方面：其一，精神分裂症或其他重性精神病，这类病人在催眠状态下会促进病情恶化或诱发幻觉妄想；其二，脑器质性精神疾病伴有意识障碍的病人，催眠可使得症状加重；其三，严重的心血管疾病，如冠心病、脑动脉硬化、心力衰竭等。

（五）相关知识：中医常用催眠按摩穴位

以中医的穴位经络理论为基础，通过使用压力直接在身体的穴位运作。这些穴位多是神经敏感之处，当来访者的穴位被按压的时候，会自动地引发注意力，和催眠师的导入语并用，致使来访者把身体逐渐放松，产生更好的催眠效果。

在催眠前，先让来访者闭上眼睛，做 3 次深呼吸，然后碰他头顶中央部位，指导他把眼球往上转动，好像看着自己的额头。在此位置，来访者会发现不可能睁开眼睛。

做完这个动作后，告诉来访者把眼睛放松，现在往下看，在按压他身体穴位的时候，随着按压节奏进入恍惚状态。此时开始按压一些利于催眠的穴位，通过有节奏的按压手法，让每一次的按压都将来访者带到更深的催眠状态中。

1. 肩井穴（胆经）

肩井穴位于大椎与肩峰端连线的中点上。双手的大拇指一起深深地压，同时暗示对方：现在，熟睡；现在，深沉熟睡；现在，深沉进入休眠状态。留一点儿时间让暗示发生效果。注意：孕妇禁用。

2. 印堂穴（经外奇穴）

印堂穴位于两眉头的中间。不要过于用力，维持一个稳定的压力。同时暗示：你现在深沉催眠中，犹如你睡觉，你的潜意识心门大开，来接收现在给你的有益建议。

3. 百会穴（督脉）

百会穴位于头顶正中央，此处有冒状腱膜、后颈神经。以稳定的压力继续压头顶，同时暗示对方：现在，深深地睡觉，完全不受干扰，但你的潜意识完全清醒，并接受现在我给你的有益建议，这些建议完全都是你所需要的，你在各方面都会得到益处，它们将变成你自己的。放松一会儿，从头顶放开压力，然后再度压入这个指标点，开始给来访者进行治疗。

4. 关元穴（任脉）

关元穴即丹田。稳定地压入，同时暗示对方：放开自己，现在进入愉快的睡眠中。

二、自我催眠的治疗技术

（一）自我催眠概述

1. 自我催眠的概念

自我催眠就是通过自我暗示把意念集中指向某一方向、实现某一目的方法。古往今来，自我催眠的方法有很多，如佛教的“坐弹观法”、道教的“内养气功法”、印度教的“瑜伽修行法”、西欧的“渐进松强法”等，都是自我催眠的典范。有人认为，他人催眠和自我催眠不一样，因为前者是被动消极的，而后者是主动积极的；但也有人认为所有催眠都可以说是自我催眠，因为无论是主动还是被动，催眠参与者的配合都是催眠成功的关键。由此，催眠师可以引导参与者“入道”，但“修炼”还是靠催眠参与者本人。

自我催眠技术在生活中比比皆是，其最成功的技术莫过于NLP教练技术(Neuro Linguistic Programming，中文译为：神经语言程序学)。其核心内容是：NLP教练通过积极的语言暗示，帮助当事人清晰目标、缴发潜能，充分利用可用资源，以达到最佳的能力状态。由此，NLP教练技术被誉为世界上最具效能的潜能开发技术，已成为当今欧美企业界提高生产力的最新、最有效的管理方法之一。NlP 教练技术的应用范围包括员工潜能开发、行动力养成、夫妻有效沟通、亲子关系交流、考试超常发挥等领域，力图激发人们的生活快乐和正能量。NLP 教练技术本质上就是自我催眠技术，受训者犹如受催眠者，只有积极地参与和配合，才会有积极的成效和成果。从这层意义上讲，自我催眠技术的最大应用可谓是 NLP 教练技术，而 NLP 教练技术最大的理论基础正是催眠理论。

此外，自我催眠技术也被广泛地应用于各类自我成长的培训与修炼项目中去，如禅修技术、静观技术、气功技术，比赛与考试临场发挥技术等，使各行各业的人都有所获益。学会自我催眠技术后，人们可以随心所欲地设计符合自己需求的催眠指令，也可以针对临时状况，自行拟定对治疗的指令。如参加考试或比赛时，心跳加快，呼吸困难，开始怯场，此时你可以告诉自己："我慢慢从 1 数到 20，每数一次，我就放松一下，数到 20 的时候，我就会彻底冷静清醒，充满信心。不再紧张了。"如果你不断练习，并有成功的体验，你就会掌控自己的心跳速度的。

拓展阅读

阿里是怎样变成拳王的

拳王阿里小的时候，家人给他买了一辆崭新的自行车。他每天骑车周游，乐此不疲。一天，他到警察局找一位叔叔，把自行车存放在警察局门口没有上锁。不想出来后发现他的新车已经被人偷走了，气得他直跺脚。

沮丧之余，警察叔叔提出教他拳击来化解烦恼。不想，阿里竟因此迷上了拳击运动，并逐渐成为一个专业拳击手。那个警察叔叔还告诉阿里，每次出场比赛时，就把对手想象成当年偷车的那个人。由此，阿里每次比赛都感觉是一次复仇行动，出拳格外的有力。阿里每次出场比赛，还会面对观众大声疾呼："我是不可战胜的，我是最好的，我就是冠军。"

就是在这样的自我暗示下，阿里越战越勇，直至夺得全美的拳击冠军！

阿里因为丢失了一辆自行车而成了世界拳王，靠的是两股心理学的力量：第一股是升华自我的力量，即阿里丢车后没有做自暴自弃的事情（如大发脾气、偷别人的自行车等），而是化悲愤为力量，在拳击中化解内心的郁闷；第二股力量是自我暗示的力量，即阿里把对手想象为偷车的人，把自己想象为冠军，这给了他巨大的心理能量。

2. 自我催眠的常用技术

自我催眠的目的是放松自我，愉说自我，强化自我，激励自我。其实，我们每天都在做自我激励、自我暗示的事情。学会自我催眠的技术，会让你更加乐在其中，胜在其中，最终成为个人生活的部分。下面介绍几种常用的方法。

(1) 自我语言催眠法（language suggestive method）

使用委婉的、肯定的语言来暗示自己。其语言可以是灵活多变的，也可以是即刻创作的。先要花几分钟时间放松身心，或回忆某个美好的人生场面或经历。在暗示前，可多做几次深呼吸，然后可以像下面这样暗示自己：

我来到了沙滩，海水冲刷着我的全身。

我躺在海滩上，晒着暖暖的阳光，感觉很舒服，很舒服。

我沐浴着阳光，感觉很好，感觉很放松，很放松。

我现在自由自在，没有人会来干扰我，打断我，骚扰我。

我不需要在意人，也不需要担心任何人。

我感到了前所未有的舒坦、舒服、舒适。

……

这样说法下，你自然就会感觉放松下来。

(2) 自我意象催眠法（image suggestive method）

想象各种愉悦的画面、情境（如童年的某段美好记忆、大自然的某一美好景象、自己十分喜爱的某一场所、人物与动物等），让自己的心情随着想象也愉悦起来。同时，你也需要调整好自己的坐姿，把双手和双脚都平放下来，只要感觉舒服就行。如果你戴着眼镜，也可将它摘掉。如果是穿着紧身衣物，也可将它们松开或脱掉。然后闭上眼睛，可采用类似上面的暗示语来放松自我。

如此下来，你会很快进入松弛状态的。

(3) 自我梦境催眠法（fantasy suggestive method）

回忆或想象自己做了一个美梦，在做完放松动作后，可以采取类似下面的暗示语来放松自己：

我已经进入了自我催眠的状态。

我想象自己做了一个美梦，我回到了我的故乡。

我回到了我的故乡，我的家乡。

我来到了我外婆的身边，我们很久没见面了，她见到我一下子就笑了。

我外婆见到我就笑了，我也笑了。

她过来抱起了我，我也蹦起来抱住了她。

我蹦起来抱住了她，我感到好温暖，好舒服，好感动。

我激动得眼泪都流了出来，外婆也哭了，可我们也在笑啊。

外婆告诉我要好好听爸妈的话，我说我会的，她高兴地笑了。

我好久没有这么开心了。

我真的很开心。

……

如此下去，你很快就会感觉愉悦的。

(4) 自我凝视催眠法（gazing suggestive method）

将视线集中在眼前的某个点或某个物体上。在盯着某个点时，意识会越来越集中，与此同时暗示自己进行放松，进入催眠状态。在墙上选定一个点或选择某一物体（如水晶球、催眠师手中的一个物件），你可以将自己的视线集中在它们上面。将这一点称作目标点，一直盯着它。

然后闭上眼睛，采取类似上面的暗示语来放松自己。

(5) 自我音乐催眠法（music suggestive method）

找一张你喜欢的唱片、光盘或磁带，它会令你感到放松、舒适或陶醉。你可以选择动感的音乐，也可以选择舒缓的音乐。先不要播放音乐，而是让自己进入放松状态，给自己一些暗示。当音乐响起来时，你可与自己对话，并让音乐与你融为一体，让音乐帮助你暗示，想象你能知道这些乐器发出声音，传达你的暗示。

音乐中的歌词会给你以某种暗示；而不同的音乐风格会让你有不同的情绪释放。当音乐结束时，你可以暗示自己更加放松，更加平和，告别往事，更加自得其乐。

［案例 5－7］

自我暗示减肥录音

如果你想减肥，请自己或他人录制下面的文字（控制在两分钟之内），并在每晚睡觉前听：

我想减肥，想使自己达到理想的体重和体形。

我想使自己达到理想的体重和体形。

我想象自己站在一面镜子面前，在镜子里见到焕然一新的自己，我感到欣喜无比。

我告诫自己：如果我达到了理想的体重，就会显得更加美丽，更加自信。

如果我体内的营养足够了，我就不会有饥饿感，也就不想再吃东西了。

如果我控制好自己的饭量，我就不会再长胖，也就不用再担心体重了。

如果我控制好自己的体重，我一定会给自己买最合身、最深亮的衣服。

如果我穿上了那最合身、最漂亮的衣服，我就更加喜欢自己了。

如果真是那样，我就会有更美好的体形和精力。

我相信我能做到这一切的，因为我会说到做到的。

我会做到这一切的，因为我能说到做到的。

……

如果你能坚持听一个星期，那么你一定会在吃平常饭量的一半时就感觉饱了。这样，你就会控制住自己的饭量。如果你坚持听一个月。你一定会有惊喜的发现，因为你的饮食习惯有了根本的转变。最后值得强调的是，你不可以因此而无限制地减少自己的饭量，那样会使你患上厌食症的，那就不是健康减肥了。

3. 自我催眠的常见模式

在自我催眠的形式上，可采取下列 3 种模式：默诵式自我催眠、录音式自我催眠、意象式自我催眠。

(1) 默诵式自我催眠

采取自我默诵的方式来进入催眠状态。它既可采取出声的方式，也可采取闭声方式，关键是能将自己导入催眠状态。对此，人们要注意如下事宜。

● 出声的自我默诵催眠：就像是对自己宣暂，可睁眼，也可闭眼。其好处是可以用声音来强化自我暗示的效果（如大声疾呼），但问题是可能会干扰到他人。如是自我宣誓，最好面对一面镜子来进行自我默诵。

● 闭声的自我默诵催眠：就像是在佛堂里诵经的样子，或是祈祷的样子，可睁眼，也可闭眼。其好处是可以在心里不断强化自我暗示的指令，但问题是效果缺乏力度。

当事人无论采取何种方式，只要令自我感觉良好即可。这当中是没有标准答案的。

(2) 录音式自我催眠

就是采取听录音的方式进入催眠状态。可采取单纯播音的方式，关键是能将自己很快导入催眠状态。对此，可采用下面 3 种模式。

● 听他人录音催眠：购买市面上现成的催眠录音，其好处是制作很专业，容易听进去；问题是没有针对性，不能解决特定的问题。

● 听自己录音催眠：自己录制针对自己症状的录音，其好处是很有针对性；但问题是不够专业，且个人未必愿意听自己的录音。

● 请咨询师制作专门催眠录音：请自己的咨询师或催眠师制作专业的录

音，其好处是制作有专业性、针对性和专业性。当然，成本会大一些。

(3) 意象式自我催眠

就是以自由联想的方式来进入催眠状态。可采用下面 4 种模式。

● 景色意象催眠：想象大自然的美妙情景，如海滩、森林、名山大川、庙宇殿堂、名胜古迹等。

● 实物意象催眠：想象个人喜欢的某种动物（如牛、马、羊、狗等）、植物（如牡丹花、玫瑰花、水仙花、郁金香等）、房屋建筑（天安门、长城等）、生活用品（如书籍、电脑、厨具、电视机等）。

● 往事意象催眠：想象自己的一段美好的童年经历或往事，如回忆自己随父母旅游，走串亲戚，玩游乐场。

● 亲人意象催眠：想象自己的某个至亲，如爷爷、奶奶、外公、外婆在身边，令自己感觉很温暖。

总之，自我催眠旨在挖掘个人的潜能，因人而异，因事而分。所以这当中没有标准的做法，当事人要根据自身的人格特质、生活经历、生活习惯来摸索出一套适合自己的自我催眠模式，并不断运用，不断完善。

[案例 5-8]

自我暗示提高考试成绩

婷婷是一位高三学生。她的考试成绩一向飘忽不定，令自己和家人都十分担心，于是找到了我为她做高考催眠治疗。由于我与婷婷不在同一城市，就通过电话咨询来与她共同找出一套适合她的自我催眠方法，并不断尝试，直至完善。在这当中，我与她保持电话联系，以随时解答她的问题，调整她的状态，直至最后考出了理想的成绩。下面是她的反馈。

反馈一：

在学校 2 月 25—26 日的摸底考试中，我采用了喝咖啡、听音乐的方式自我放松，其中我特别选了莫扎特交响乐中长笛加竖琴演奏的一首曲子，听后感到心情愉悦。在去考场的途中，我根据不同科目想象不同的答题场景。考语文就想象思路清晰，才思泉涌，一定读懂题意，哪怕慢一点儿，并深信“书读百遍其意自现”。考数学就想象做题很顺，难题先跳过，最后会解开的。

虽然语文考试开始时不顺，但越做越顺，诗歌欣赏、作文得心应手，我拿到了语文全班第一名的成绩，这是最高的一次。两天的考试中我始终兴奋、镇定，做每道题都有信心，兴奋到手发凉！英语是我的长项，我得了班级第一，与年级第一仅差 4 分。这是从未有过的！

反馈二：

3月25—26日是全市的一模考试，谢谢您前一天的通话，给予我鼓励。如果说上次摸底考试中我是无意识地运用各科考场情景练习，那么这次是有意识的练习。每科考试前，我都会想象在考场中如何去解决问题。自认为这次发挥得不错。我通过语言给自己暗示，我可以做到的，一定可以的。到目前为止，我开发出3种放松法：喝咖啡提神，防止下午考场发困；提前听喜欢的音乐愉悦心情；考试前每科语言暗示。

反馈三：

一模考试结束，我曾一度患得患失，学不进去，怕下一次会考不好。而且总是担心，这次考得好，以后还会考好吗？另外，这阶段做题的时候，总认为自己做错了，而照同学的改，结果也是改错了，没有了信心。和您通话后又有了信心。我现在观念上有了变化，相信正常发挥、超常发挥是可以通过练习达到的，而不是像同学、老师所说的，是可遇而不可求的。

反馈四：

三模考试结束了，我的考试成绩基本稳定下来了，我的暗示方法也明确了，就是喝咖啡提神，防下午考场发困；提前听喜欢的音乐愉悦心情；考试前每科语言暗示。我感觉每次这么做，都能起到让我心情愉悦的功效，真感谢您让我可以靠自己来稳定自己的情绪。以前，我一紧张就做什么都心不在焉，现在不会了！

婷婷在后来的高考中超常发挥，取得了理想的成绩，也考上了理想的学校。

（二）斯坦福催眠感受性量表（表5-4）

表5-4 斯坦福催眠感受性量表

暗示的活动	通过标准
姿势改变（你弯下身去！）	不需要强迫就自动弯下身去
闭上眼睛（你的眼皮越来越沉重！）	不需要强迫就自动闭上眼睛
手向下垂（你的左手垂下去！）	在10秒钟内左手垂下6英寸
手指并拢（你的手指无法分开）	在10秒钟内右手举不到1英寸
手臂僵硬（你的左臂开始僵硬！）	在10秒钟内手臂弯曲少于2英寸
两手合拢（你的两手相向合拢！）	在10秒钟内两手合拢6英寸之内
口语抑制（你说不出自己的姓名！）	在10秒钟内无法说出自己的姓名
幻觉现象（你眼前有一只苍蝇！）	被试挥手试图将之赶走

（续）

暗示的活动	通过标准
眼睛失控（你无法支配你的眼睛！）	在10秒钟内睁不开眼睛
醒后暗示（醒后请坐把另一把椅子！）	醒后表现出移动的反应
失忆测验（醒后你将忘记这一切！）	所能记忆的催眠中项目少于3个

评分分标准：3分以下（包括3分）感受性较弱

3～6分（包括6分）感受性良好

6分以上感受性较强

催眠，不是为了进入催眠状态，而是为了进入专注状态。

催眠，比想象的容易入门，也比想象的难以精通。

催眠的要诀是：信则立，不信则废。

催眠的成功，与其说是催眠师的功力，倒不如说是对时机的把握。

催眠向世人证明：潜意识的力量是无穷的，自我信念的威力是无量的。

催眠的意义在于：帮助来访者在潜意识状态下处理自己的情结与纠结。

催眠的历史要远远长于精神分析的历史，但两者的机理都是相通的，都是试图在一种轻松、自然的状态下处理当事人的内心创伤，发挥其心规能量。

参 考 文 献

艾维，2015. 心理咨询的技巧和策略：意向性会谈和咨询［M］. 上海：上海社会科学院出版社：21－25.

贝特曼，2008. 心理治疗师培训教程［M］. 北京：中国轻工业出版社.

曾奇峰，2008. 你不知道的自己［M］. 太原：希望出版社.

崔建华，韩伟，2000. 个体心理辅导中移情与心理依赖的区别及调适［J］. 健康心理学杂志（1）：7－8.

方迪，1993. 微精神分析学［M］. 尚衡，译. 北京：生活·读书·新知三联书店.

弗洛伊德，2004. 解梦：听弗洛伊德谈解梦［M］. 杨东雄，译. 北京：台海出版社.

弗洛伊德，2005. 弗洛伊德自传［M］. 廖运范，译. 北京：东方出版社.

科米尔，纽瑞尔，2004. 心理咨询师的问诊策略［M］. 张建新，等，译. 北京：中国轻工业出版社.

赖丽足，陶嵘，任志洪，等，2018. 我国大陆地区网络心理咨询现状和伦理议题："大数据"视角及伦理评估［J］. 心理科学，41（5）：1214－1220.

麦克里奥德，2006. 心理咨询导论［M］. 上海：上海社会科学院出版社.

麦克里奥德，2006. 心理咨询师手册：发展个人方法［M］. 上海：上海社会科学院出版社.

荣格，1997. 荣格文集［M］. 冯川，译. 北京：改革出版社.

荣格，2017. 荣格自传：回忆、梦与思考［M］. 北京：人民邮电出版社.

桑德勒，戴尔，霍尔德，2004. 病人与精神分析师［M］. 施琪嘉，曾奇峰，肖泽萍，译. 上海：上海科学技术出版社.

申荷永，2005. 心理分析：理解与体验［M］. 北京：生活·读书·新知三联书店.

涂春华，2022. 回到定义，寻求数学对象间的真正联系［J］. 初中生世界（Z6）：105－107.

叶维菲，2000. 移情、反移情在心理治疗中的应用与进展［J］. 中国临床心理学杂志（4）：247－249.

岳晓东，2007. 高考超常发挥和心理暗示［M］. 上海：上海人民出版社.

岳晓东，2007. 心理面面观［M］. 上海：上海人民出版社.

岳晓东，2007. 与真理为友［M］. 上海：上海人民出版社.

岳晓东，2009. 性格铸造历史：30 位古今中外名人之心理分析［M］. 北京：中国轻工业出版社.

岳晓东，2010. 三国人物心理分析与职场生存［M］. 北京：机械工业出版社.

岳晓东，2011. 登天的感觉：我在哈佛大学做心理咨询［M］. 合肥：安徽人民出版社.

岳晓东，2011. 怎样做最好的自己［M］. 合肥：安徽人民出版社.

岳晓东，2012. 红楼梦人物心理分析与情感世界［M］. 北京：机械工业出版社.

岳晓东，祝新华，2001. 中小学心理辅导：实用理论与技巧［M］. 北京：北京师范大学出版社.

张小乔，1998. 心理咨询的理论与操作［M］. 北京：中国人民大学出版社.

朱建军，2009. 滋养和安顿我们的心灵［M］. 太原：希望出版社.

FENICHEL O，1939. Problems of Psychoanalytic Technique［J］. The Psychoanalytic Quarterly，8（1）.

MALLOY K A，DOBBINS J E，DUCHENY K，et al.，2010. The management and supervision competency：Current and future directions［J］. Competency - based education for professional psychology，144（3）：669 - 682.